AF411015

FLORE
DU BOURBONNAIS

COMPRENANT

Le département de l'Allier et une partie des départements du Cher,
de la Creuse, du Puy-de-Dôme et de la Nièvre

PAR

A. PÉRARD

Licencié ès-Sciences naturelles

Professeur de Sciences physiques et naturelles au Lycée de Montluçon

Membre des Sociétés Botanique et Géologique de France, de la Société française de Botanique
et de la Société d'Émulation de l'Allier.

MATÉRIAUX (SUPPLÉMENT)

MONTLUÇON

IMPRIMERIE ET LIBRAIRIE PROT, ÉDITEUR, BOULEVARD DE COURTAIS, 48.

1886

FLORE DU BOURBONNAIS

MATÉRIAUX (Supplément)

PAR

A. PÉRARD

J'ai exposé, dans les *Matériaux* de ma Flore du Bourbonnais, les principaux résultats de mes excursions dans l'Ouest et dans l'arrondissement de Gannat. Mes investigations ont eu pour objet, depuis cette époque, les cantons de Saint-Pourçain et de Chantelle, déjà explorés consciencieusement par MM. Causse et Rodde ; j'ai voulu constater *de visu* des indications anciennes et ajouter autant que possible de nouveaux documents. Les environs de Saint-Pourçain, Puy-de-Breu, Contigny, La Chaise, au confluent de la Sioule et de l'Allier, ainsi que les coteaux calcaires de Saulcet, Louchy, Branssat et les bords du Gaduet, ont été visités avec soin par moi et M. Moriot, tandis que MM. Lavediau et Lailloux m'apportaient aussi de leur côté de précieux renseignements sur Montord, Monétay, Verneuil, et M. Cl. Bourgougnon venait les compléter par ses récoltes autour de Chantelle et de Fourilles.

Après avoir herborisé sur les rochers de la Bouble, autour de Chantelle, où je constatais l'*Umbilicus pendulinus*, j'ai dirigé mes pas sur Gannat. Les bords de la Sioule, depuis Neuvialle jusqu'à Rouzat, m'ont offert *Sedum maximum*, *Lilium Martagon* (rare), *Silene Armeria*, *Allium Deseglisei*, *Sempervivum arachnoïdeum* ; l'*Actœa spicata* existe sur un espace restreint. Après avoir traversé Saint-Bonnet-de-Rochefort, les moissons de Vicq, avec *Bupleurum rotundifolium*, et d'autres plantes calcicoles, m'ont conduit jusqu'aux Gazeriers, à Sussat et dans le bois de Veauce, où j'ai fini par trouver les *Hypericum Desetangsii* et *Asplenium Breynii*, et un certain nombre de Menthes signalées par M. Lamotte. A Gannat, j'avais l'heureuse chance de recueillir l'*Inula bifrons* et l'*Asperula galioïdes*, que l'on croyait complétement disparus des localités classiques, surtout depuis que le Montlibre a été mis en culture. Mon retour par Bellenaves m'a fait rencontrer dans les tourbières de la forêt des Colettes : *Senecio barbareœfolius*, *Betonica platyphylla*, *Viola palustris* (en fruit), *Epilobium palustre* et *roseum*, *Leontodon hastilis* et un certain nombre de Muscinées intéressantes.

L'arrondissement de Saint-Amand (Nord-Ouest) dont la flore jurassique prime certainement celle des autres régions, a été exploré attentivement, et mes efforts ont amené la découverte du *Daphne Laureola* et de l'*Epipactis microphylla*, rare il est vrai, mais nouveau pour le Bourbonnais. Cette région commence aux environs d'Urçay où les Grès bigarrés et les Marnes irisées sont recouverts, près d'Ainay et de l'Etelon, par les calcaires des terrains jurassiques qui s'étendent du côté de Charenton et de Saint-Amand. Les calcaires de l'Infralias et du Lias montrent *Teucrium montanum*, *Polygala calcarea*, *Phalangium ramosum*, une collection d'Orchidées rares, *Ophrys arachnites* et *aranifera*, *Epipactis viridiflora*, *Limodorum abortivum*, *Anacamptis pyramidalis*, etc., d'autres plantes *Orobus albus* (A. C.), *Helianthemum vulgare* forme *variabile* sont spéciales à cette région. En poursuivant mes excursions du côté de Châteauneuf, Saint-Florent, La Chapelle-Saint-Ursin, j'ai recueilli presque tous les types cités dans la *Flore du Centre de la France*, sur nos limites, et qui continuent pour ainsi dire la florule des terrains de Saint-Amand.

La forêt de Tronçais, entre Braize et Urçay, et du côté de Meaulne, dans le ravin de la Bouteille, a été explorée encore plusieurs fois cette année, et quelques raretés nouvelles ont été acquises. Telles sont : *Spiræa filipendula*, *Androsæmum officinale*, *Impatiens noli-tangere*, *Luzula maxima*, *Equisetum hiemale* ; les riches tourbières des étangs Roux et de la Commanderie près de Braize, que l'on essaie malheureusement de dessécher, m'ont procuré le rare *Aspidium Thelypteris*, le *Carex Hornschuchiana* et le *Narthecium ossifragum* qui persistera toujours aux étangs du Ris, malgré les effets de l'assainissement des tourbières. Je l'ai constaté à nouveau dans les ruisseaux de drainage près de Pouveux d'où il tend à disparaître et où il devait être moins rare il y a plusieurs années. Je n'ai pas retrouvé le *Rhynchospora fusca* et le *Pinguicula lusitanica* que j'avais récoltés en abondance en 1860 dans la même localité, cependant je ne les crois pas disparus. L'*Orchis incarnata* existe toujours dans les tourbières des étangs Roux.

D'un autre côté (région Sud-Ouest) les environs de Saint-Marien, de Chambon et Evaux (Creuse) présentent les rochers granitiques de la Tardes et de la Voueize avec une végétation bien différente. Ces contrées, explorées depuis longtemps par MM. Pailloux et de Cessac, m'ont fourni quelques plantes dignes d'intérêt pour le département de la Creuse, telles sont : *Biscutella granitica*, *Ranunculus auricomus* (rare ailleurs), *Dentaria pinnata*, *Doronicum austriacum*, *Asplenium Halleri* (nouvelle station du Châtelet), *Epilobium vagans*, *Sedum graniticum*, *Dianthus Boreanus*, *Sorbus Aria*, *Cardamine impatiens*, *Scilla Lilio-hyacinthus*, etc.

Enfin pour compléter le tableau des nouvelles acquisitions dont s'est enrichie la flore du Bourbonnais, j'ai à parler encore de l'excursion que j'ai faite cette année dans la région du Sud-Est avec MM. Seignier et Renoux, jeunes botanistes qui inauguraient leur entrée dans le royaume de Flore par l'ascension du Montoncel (1292ᵐ), point culminant de cette chaîne de montagnes dans notre région. C'était la seconde fois que j'atteignais son sommet dénudé par de fréquents ouragans, dont j'avais senti vivement les atteintes en 1881. Les versants du Montoncel sont boisés et les ruisselets tourbeux de la Besbre, qui descendent de sa source, montrent une végétation variée et composée de plantes que l'on observe à une altitude généralement élevée. Au sommet, j'ai recueilli

Dianthus silvaticus, Serratula monticola, Senecio cacaliaster et *Fuchsii Solidago monticola, Campanula linifolia* ; dans la zone du *Gentiana lutea* (1100ᵐ) se montrent *Hypericum quadrangulum, Pyrola minor, Leontodon pyrenaicus, Allium victoriale, Ranunculus aconitifolius, Betula pubescens, Sorbus Aria*. A une altitude plus basse, dans la zone de l'*Abies pectinata* qui constitue, avec le hêtre, l'essence forestière de ces Bois noirs, j'ai récolté, en suivant le cours de la Besbre, *Prenanthes purpurea, Chœrophyllum cicutaria, Circœa intermedia, Nephrodium dilatatum, Impatiens noli-tangere, Doronicum austriacum, Senecio Fuchsii*, dans les tourbières *Juncus squarrosus* (C.) et sur le versant du côté de la Guillermie, M. Renoux a découvert l'*Andromeda polifolia*.

Le bois d'Assise, partie des bois de la Madeleine qui séparent l'Allier du département de la Loire, possède de bonnes tourbières entre Pierrebelle et la Loge des gardes, qui s'étendent jusqu'au Sapet, je les avais déjà explorées en juin 1881 et j'avais hâte de les revoir pour recueillir l'*Oxycoccos palustris* en fruit. Du côté de Pierrebelle croissent : *Geoglossum hirsutum, Gentiana campestris* et *pneumonanthe, Hypericum quadrangulum, Campanula linifolia, Sanguisorba montana, Leontodon pyrenaicus* (rare), *Alchemilla bellojocensis, Juncus squarrosus, Senecio Fuchsii* et enfin l'*Andromeda polifolia*, à peine fleurie, dans les tourbières en bas des ruines de la Chapelle.

La route de Pierrebelle à Saint-Priest a été taillée dans un beau porphyre noir avec grands cristaux de feldspath blanc, sur lesquels s'étalent majestueusement de belles touffes en fleur de *Mulgedium Plumieri*, avec *Senecio Fuchsii, Sedum maximum* (forme glauque de la Pierre-du-Jour) et la petite mousse *Andrœa petrophila*, toute sèche et rabougrie, se cachant dans les fentes peu profondes des roches porphyriques. Ces dernières plantes ont été recueillies sur les indications de notre excellent guide, M. Bletterie.

Du côté de Laprugne, la Besbre coule au milieu des schistes du Carbonifère, l'exploration de ses bords m'a fourni *Asplenium Halleri, Sedum maximum* à fleurs rosées, *Angelica montana* ainsi que plusieurs menthes. Dans les prairies tourbeuses et les Narses, le fond de la végétation est constitué par les plantes suivantes, *Gentiana pneumonanthe, Parnassia palustris, Drosera rotundifolia, Rhynchospora alba, Eriophorum angustifolium*, qui remontent presque jusqu'au sommet du Montoncel, *Euphrasia rigidula, Sedum villosum, Polygonum Bistorta*, le *Meum athamanticum* et l'*Arnica montana* en feuilles ; au bord des ruisseaux, *Aspidium Oreopteris, Lycopodium inundatum, selago* (R.) et *clavatum* en fructification. On observe les schistes du Carbonifère tout le long de la route que j'ai suivie pour me rendre de Laprugne à Ferrières et de là à l'Ardoisière près de Cusset. Les bords du Sichon sont encore émaillés, malgré la saison avancée, de quelques plantes intéressantes, parmi lesquelles je citerai : *Picris arvalis* (sur les schistes), *Senecio Fuchsii, Stachys alpina, Cardamine silvatica, Lunaria rediviva* pourvue de ses larges fruits argentés, *Impatiens noli-tangere* dont les fleurs jaunes se balancent gracieusement sous l'influence de la moindre brise, en compagnie des *Mentha nemorosa, Sedum maximum*, et *Chœrophyllum cicutaria* (en fruit).

Tel est l'aperçu sommaire de la végétation du Sud-Est fin d'août et au commencement de septembre (1) ; je ne puis relater ici dans cette notice toutes les plantes recueillies en nombre pendant cette belle excursion de quelques jours, au milieu de ce pays pittoresque et accidenté que l'on pourrait appeler la petite Suisse bourbonnaise. Aussi j'ajouterai avec un de nos éminents publicistes : « Pourquoi aller chercher bien loin ce que l'on a si près de soi. » Les plantes de nos montagnes n'offrent-elles pas autant d'intérêt que celles des sommets un peu plus élevés ? Visitez-les et vous serez largement rémunérés de vos fatigues par l'abondance et la richesse de vos récoltes, et surtout s'il vous est permis, par un beau temps, d'admirer le magnifique panorama des montagnes du Forez et de l'Auvergne qui se déroule au loin et à perte de vue, quand on l'observe du sommet du Montoncel.

Montluçon, 25 septembre 1886.

PHANÉROGAMES

DICOTYLÉDONES

Renonculacées.

Batrachium hederaceum Dum. — Urçay, tourbières de Braize ! — Chambon et Evaux ! — Montord !.

— **hololeucos** Nym., forme *villosum*. — Mares de Chézy ! *(Allard)*. — Dans cette forme du Bourbonnais les carpelles mûrs sont ciliés sur la carène, et les tiges ainsi que les pédoncules sont assez velus.

— **heterophyllum** F. S. Gray. -- Montluçon, vallée du Lamaron !, marais des Varennes ! — Env. de Chamblet, mares de Bellechassagne et de Commentry ! — Urçay, forêt de Tronçais ! — Gannat, dans l'Andelot, aux Sagnes ! — Audes, étang des Fulminais ! Néris ! — Etang de Bellaigue près Marcillat !.

Forme *fissifolium*. — Lobes des feuilles très profondément découpés, à divisions aigües. — Bizeneuille, ruisseau de Fragne !.

— **peltatum** Fries, Bor. — Branssat, mare des bords du Gaduet ! — Montluçon, étang de la Brosse !, boires du Cher et du canal du Berry !.

— **confusum** F. Schultz. — Etang des Bardons près Saint-Agoulin ! *(Lamotte)*. — Cette espèce n'a été jusqu'ici rencontrée que dans la localité ci-dessus mentionnée ; j'ai acquis la certitude que les autres indications sont inexactes.

— **trichophyllum** Nym. — Gannat, mares de l'Andelot ! — RR.

— **capillaceum** (Thuill.) — Gannat, dans l'Andelot ! — Mares de Vicq et d'Ebreuil ! *(Dujon)*. — Montluçon, dans le Cher et dans le Lamaron ! — Env. de Saint-Pourçain ! Montord ! -- A. C.

---

(1) Voir Excursion botanique (juin 1881), *Bull. Soc. d'Emul.* t. XVI, p. 572.

M. Lailloux a recueilli dans les environs de Saint-Pourçain une renoncule à grandes fleurs blanches dont les pédoncules, à stipules petites ou nulles, dépassent les feuilles toutes submergées, courtes et divariquées en cercle ; je serais disposé à la nommer R. *divaricatus* Schrank, mais j'attendrai encore des spécimens plus complets.

Ranunculus nemorivagus Jord. — Branssat, bords du Gaduet !, prairies de Montord ! *(Moriot)*. — Lapalisse, bords de la Besbre !.

— **silvaticus** Thuill. — Commentry, bois Martenot ! — Saint-Amand, forêt de Meillant ! — Forêt de Tronçais, dans le ravin de la Bouteille !.

— **vulgatus** Jord. — Lapalisse, Ferrières, Laprugne au Montoncel et dans le bois d'Assise !.

— **auricomus** L. — Bords de la Tardes entre Saint-Marien et Sainte-Radegonde ! (Creuse). AC. — Branssat !.

— **aconitifolius** L. — Région des montagnes du Sud-Est, au bord des ruisselets de la Besbre sur les versants élevés du Montoncel !.

Caltha parvifolia Pér. *herb.* — Tige dressée ou couchée-redressée, parfois décombante, simple ou un peu rameuse, glabre, fistuleuse, cylindracée, striée. Feuilles médiocres ou petites, finement ou largement crénelé-dentées, à lobes postérieurs écartés, très divergents, de telle sorte que souvent la largeur de la feuille dépasse sa hauteur ; les radicales assez longuement pétiolées, les supérieures sessiles ou à pétiole très-court. Pédoncules sillonnés. Fleurs petites 1-2 centim. de diamètre, d'un beau jaune doré, à divisions oblongues, nerviées, munies sur la face interne de nombreuses petites glandes brillantes, étamines à filet allongé, anthères jaunâtres, linéaires, dépassant longuement les jeunes pistils. Carpelles dressés ou obliques à la maturité, à bec *long*, droit ou un peu arqué au sommet. Plante sphagnicole, fleurit en mai, août et septembre, fructifie en juin et octobre.

Habitat. Marais tourbeux des montagnes du Sud-Est, A. C. — Environs de Laprugne, tourbières des grandes Narses !, bords des ruisselets de la Besbre sur les versants du Montoncel !, tourbières du bois d'Assise à la Madeleine !, probablement répandu sur les sommets de la chaîne du Forez.

J'ai cultivé des pieds de cette forme rapportés du Montoncel, et du bois d'Assise. Les premières feuilles, développées en novembre, étaient très petites (un centimètre de dimension), le sinus s'est montré fermé par les lobes postérieurs de la feuille, puis ceux-ci se sont écartés progressivement et ont fini par diverger beaucoup. Les fleurs sont petites et d'un beau jaune d'or avec les caractères mentionnés plus haut.

Cette plante ne peut être confondue avec le *Caltha minor* Mill. qui ne se distingue du *Caltha major* que par ses fleurs plus petites ainsi que l'indiquent fort bien les planches de Tabernæmontanus *Icones* 750 ! citées par Linné et par Miller. De plus les lobes postérieurs ferment le sinus de ses feuilles et se recouvrent en partie dans la plante adulte.

Thalictrum Perardi Gandoger *mss.*

Organes végétatifs. — Souche fibreuse, émettant des stolons hypogés jaunâtres, courts et rampants. Tige verte, élevée (8-10 décim.), robuste, dressée, rameuse et flexueuse supérieurement, *fistuleuse*, fortement cannelée. Feuilles *sessiles*, à base engaînante, 2-3 fois pennées, luisantes, et d'un vert foncé en dessus, glauques en dessous, à folioles *subobluses*, entières ou trilobées, *non mucronées*, à base généralement arrondie : folioles des feuilles caulinaires inférieures, *presque aussi larges que longues*, à base subcordiforme, à trois lobes très peu prononcés, le médian très obtus ; celles des feuilles caulinaires moyennes, élargies, plus longues que larges, parfois oblongues entières, souvent trilobées, le lobe médian dépassant un peu les latéraux ; celles des feuilles supérieures, petites, oblongues, entières et subaigües à trois nervures principales anastomosées. Inflorescence en panicule corymbiforme, *courte*, subterminale, à rameaux étalés-redressés.

Organes reproducteurs. — Fleurs jaunâtres, courtement pédicellées, agglomérées au sommet des rameaux en bouquets serrés ; divisions du périanthe obtuses, vertes ou jaunâtres, assez largement bordées de blanc. Anthères subobtuses et *mutiques*, dressées ou projetées en avant, vertes au début puis jaunes. Achaines ovoïdes-subtétragones, obtus, surmontés par le style court et persistant ; à 8 côtes dont quatre plus proéminentes.

Habitat. — Arrondissement de Gannat (Allier), bords de l'Andelot près Broût-Vernet.

Cette plante, cultivée dans mon jardin, est devenue plus robuste dans toutes ses parties, mais ses caractères n'ont subi aucune modification. Elle diffère du *T. flavum* L., des bords de l'Allier à Moulins, par ses folioles caulinaires inférieures et moyennes *peu profondément trilobées*, à lobes plus élargis-obtus, ce qui lui donne un faciès tout-à-fait différent. Le *T. flavum* possède des folioles à lobes plus allongés, la panicule plus ample, à rameaux florifères inférieurs insérés plus bas sur la tige, ses achaines sont moins obtus et leur sommet se continue le plus souvent avec le style persistant.

Myosurus minimus L. — Vignes de Saint-Pourçain ! *(Lavediau)*.

Adonis autumnalis L. — Gannat, champs de Charmes et de Biozat ! — Env. de Saint-Pourçain ! *(Mérié)*, moissons de Breu !, Montord, Louchy ! *(Boreau)*, Charroux ! *(Baudonnet)*.

— **æstivalis** L. — Gannat, moissons de Charmes et de Biozat ! ; Breu près Saint-Pourçain !.

— **flammea** L. — Moissons de Charroux ! *(Baudonnet)*.

Isopyrum thalictroides L. — Env. de Gannat ! (Dr *Vannaire)*.

Actæa spicata L. — Env. de Gannat, La Vernue, dans le bois de Neuvialle ! *(Rodde)* sec. Bor., (Dr *Vannaire)*. — Cette espèce existe encore dans la localité indiquée, mais sur un espace restreint. On pourra peut être l'observer dans la chaîne du Forez, région Sud-Est du Bourbonnais, où elle a été signalée.

Nymphéacées.

Nuphar luteum Sibth. et Sm. — Ainay-le-Vieil près de la gare ! Saint-Amand, étang d'Orval ! — Varennes-sur-Allier ! (*Lailloux*).

Papavéracées.

Papaver hybridum L. — Env. de Chantelle, Fourilles ! (*Bourgougnon*). — R.
— **arvaticum** Jord., *Diagn.* p. 95. — Champs calcaires de la région Nord-Ouest !, Grandfond et les Chanets entre Vallon et Urçay !.
    Var. *adpressum*. — Pédoncules munis de poils appliqués. — Calcaires jurassiques entre Urçay et l'Etelon !.
— **Lamottei** Boreau ! — Montluçon, Lavault-Sainte-Anne !.— Cette espèce est bien distincte, par la forme de sa capsule, du *Papaver dubium* L., Morison *Hist.* f. 3, t. 14, fig. 11 !.

Fumariacées.

Corydalis solida Sm. — Branssat, bords du Gaduet ! *(Moriot)*. — Broût-Vernet, bords de la Sioule ! (*H. du Buysson*). — Charroux ! *(Baudonnet)*. — Vanteuil près Saint-Pourçain ! *(H. Gay)*. — Villars près Brignat !.
— **claviculata** L., Pér. et Mig. *Excurs.* p. 16. — Région du Sud-Ouest : vallée de Trenteioup près Lavaveix-les-Mines ! (Creuse), sur nos limites.
Fumaria Vaillantii Lois. — Contigny près du Moulin Brelan ! *(H. Gay)*. — Branssat aux Millers !.
— **Boræi** Jord., Bor. — Domérat, vignes calcaires ! peu C. — Cette espèce, nouvelle pour le département de l'Allier, a déjà été indiquée depuis très longtemps dans la Creuse par MM. Pailloux et de Cessac.
— **media** Lois. *Notice* p. 101. — Env. de Saint-Pourçain, vignes calcaires, Branssat ! — Champs de Bellaigue ! (*Mme Vaillant*) sur nos limites. — Espèce bien distincte et fort mal à propos confondue par quelques auteurs avec le *F. Bastardi* Bor.
Helianthemum vulgare Gœrtn., Bor. — Coteaux granitiques et calcaires. — C.
    Forme 1 *variabile*. — Fleurs d'un beau jaune, passant au jaune soufre et enfin blanches sur quelques spécimens. — Urçay, grès calcarifères du Trias ! où l'on ne rencontre que cette forme montrant les nuances de coloration de la corolle.
    Forme 2 *parviflorum*. —Toutes les feuilles petites obovales ou oblongues atteignant au plus un centimètre de longueur ; fleurs de moitié plus petites que celles du type. — Coteaux de Chambon-sur-Voueize !.
— **guttatum** Mill. — Saint-Pourçain, bois de Briaille ! (*Lavediau*). — Etroussat, bois de Douzon !. — Je l'ai recueilli dans cette dernière localité sur les indications de M. H. du Buysson.
Fumana procumbens Gren. Godr. — Calcaires entre Etroussat et Ussel ! — Fourilles ! (*Bourgougnon*). — Saint-Amand, calcaires infraliasiques !.

Violariées.

G. Viola.

Viola dumetorum Jord. — Chambon, bords de la Voueize ! (De Cessac *Cat.*). — Montluçon, bords du canal ! les Trillers ! Villebret !. — Bézenet ! (*Moriot*), Hérisson ! (*Danthon fils*), Neuville près Culan ! (*Chantemille fils*). — Env. de Chantelle et de Saint-Pourçain ! La Roche-Branssat !.

— **multicaulis** Jord. — Branssat, haies des Combres, calcaires ! (*Moriot*).

— **intricata** Gand. — Branssat, vignes calcaires ! (*Moriot*).

— **propera** Jord. — Chambon, bords de la Voueize !.

— **canina** L. — Saulzet près Doyet (*Moriot*). — Branssat, bords du Gaduet ! — Laprugne, bois d'Assise !.

Forme *ericetorum* Rchb. — Bruyères de Chazemais ! *(Chomont)*.

— *decurrens*. — Feuilles un peu décurrentes sur le pétiole. — Montluçon, bruyères granitiques !.

— **Reichenbachiana** Bor. — Montluçon, bois de la Brosse ! ; Marcillat, bois des Champeaux ! ; Bateau du Mas, bords de la Tardes au-dessous de Saint-Marien !.

Var. *flore albo*. — Branssat, aux Millers !.

— **Riviniana** Bor. — Forêt de Tronçais, au Rond du Chevreuil !. — Forêt de Vacheresse ! (*Moriot*), Branssat, bords du Gaduet !. — Env. de Gannat, bois du Vernet ! (*H. du Buysson*). — Chambon, bords de la Voueize !.

— **lancifolia** Thore. — Brandes et bruyères entre La Chapelaude et Chazemais !. — Rare.

— **Grenieri** Gand. — *V. silvatica* var. *grandiflora* G. G. — Montluçon, bois de la Brosse ! le Guinebert ! Lavault-Sainte-Anne ! — Lurcy-Lévy ! — Branssat, bords du Gaduet !.

G. Mnemion (Pensée).

— **Deseglisei** Jord. — Moissons de la Chapelle-Saint-Ursin ! sur nos limites. — Montluçon !.

— **nemausensis** Jord. — Montluçon, champs de la Glacerie ! — Peu C.

— **parvula** Opiz. — Moulins, champs d'Yzeure !.

— **Provostii** Bor. — Chazemais à la Cave ! *(Chomont)*.

— **lepida** Jord. — Lavault-Sainte-Anne, champs des Bancheriaux !.

— **peregrina** Jord. — Montluçon, bords du Cher aux Varennes !.

— **Bungei** Gand. — Montluçon, champs du Thet ! — Nafour près Saint-Victor ! — Murat près de Chavenon !.

— **gracilescens** Jord., Bor. — Montluçon, Lavault-Sainte-Anne, lieux, cultivés !.

Crucifères.

Cheiranthus Cheiri L. — Marmignolles, vieux murs ! — Chantelle-le-Château !
— Saint-Pourçain !.

Nasturtium palustre Br. forme *suberectum*, tiges droites, redressées. — Jenzat,
bords de la Sioule !.

— **pyrenaicum** Br. — Fourilles, Saint-Pourçain, bords de la Sioule ! (*H. Gay*).
— Chambon, bords de la Tardes ! peu C. — Urçay, bords du Cher et du
canal du Berry !.

Barbarea rivularis De Martr., Bor !. — Sables du Cher près de Reugny ! —
Env. de Saint-Pourçain, bords de la Sioule à Breu !, Branssat, bords du
Gaduet !. — Souvigny ! (*Bouchard*).

— **intermedia** Bor. — Moulins, îles de l'Allier ! (*Migout*). — Montluçon,
saulaies des bords du Cher ! — Bellaigue près Marcillat ! (*M{me} Vaillant*).
— Espèce rare et bien distincte.

— **longisiliqua** Jord., Bor. ! — Chambon ! — Montluçon, alluvions du Cher !,
rochers du Roc-du-Saint ! Huriel ! — Néris ! (*Boreau*). — Les localités du
Catalogue de Montluçon (*Barbarea præcox*) doivent être rapportées à cette
espèce.

Turritis glabra L. — Neuvialle près de Gannat ! — Chambon, rochers granitiques ! — Forêt de Tronçais près des Forges et ravin de la Bouteille !.

Arabis hirsuta L. — Etroussat, calcaires ! bois de Douzon et du Vernet !
(*H. du Buysson*). — Environs de Saint-Pourçain, Chareil-Cintrat !
(*Bourgougnon*).

Cardamine pratensis L., *flore pleno*. — Montluçon, étang de la Brosse !.

— **udicola** Jord., Pér. *Cat.* p. 59. — Contigny, bords de la Sioule près de
La Chaise !. — A. R.

— **praticola** Jord., Pér. *Cat.* p. 59. — Env. de Brugheas, forêt de Randan !
(*Badiou fils*). — Cette belle forme, bien distincte de toutes les autres, est
nouvelle pour le Bourbonnais où elle paraît rare, je ne l'ai encore reçue
que de la localité ci-dessus mentionnée. — Le *C. herbivaga* Jord., paraît
au contraire assez répandu dans les terrains calcaires.

— **silvatica** Link. — Murat ! — Huriel, bords de la Maggieure !. — Saint-
Marien, bords de la Tardes !, La Valette près de Chambon !. — Jenzat,
bords de la Sioule !. — Région du Sud-Est : Laprugne, bois d'Assise !,
Ferrières, bords du Sichon !.

— **amara** L. — Env. de Rosier-Montord, bords de la Sioule près du moulin
de Champagne ! (*Bourgougnon*). — Rare.

— **impatiens** L. — Moulin Chatelus près de Bayet ! — Rouzat, bords de la
Sioule !. — Budelière-Chambon, bords de la Tardes au Châtelet !. —
Arronnes !.

Dentaria pinnata Lamk. — Saint-Marien, bords de la Tardes !. — A. C.

Hesperis matronalis L. — Bords du Cher près de Chambouchard ! (*L. de
Lambertye*).

Conringia orientalis Rechb. — Montluçon, lieux cultivés ! (Bor. *Centr.*), Crevallat !. — Env. de Saint-Pourçain, moissons de Breu ! Branssat ! Saulcet !. — Besson ! (*Migout*).

Sinapis nigra L. — Montluçon !, peu C. — Saint-Pourçain, moissons calcaires, Breu ! Saulcet !. — C.

Erucastrum obtusangulum Rechb. — Branssat, talus des chemins calcaires ! (*Bourgougnon*). — La Limagne.

Brassica Cheiranthus Vill. — Moulins, sables de l'Allier ! et à Panloup ! — Gannat, entre Neuvialle et Rouzat !, Le Vernet, bords de la Sioule !. — Chambon, bords de la Tardes !. — Huriel, Chambérat, ravin de Nocq !.

Neslia paniculata Desv. — Env. de Gannat, au Montlibre et à la Bâtisse !. — Env. de Saint-Pourçain : Contigny ! Breu ! Bayet ! Etroussat !.

Myagrum perfoliatum L. — Neuvy ! (*Migout, Avisard*). — Env. de Saint-Pourçain, Rosier-Montord ! (*Lavediau*). — Région Nord-Ouest : La Chapelle-Saint-Ursin ! sur nos limites.

Senebiera Coronopus Poir. — Montord ! (*Lailloux*). — La Limagne, champs des Duriers près Gannat ! C.

Capsella gracilis Gren. — Moulins ! (*Migout*), Yzeure ! (*H. Gay*), Branssat !, — Urçay !, — Huriel !. — Souvigny !.

— **rubella** Reuter. — Bayet, Saint-Pourçain ! (*H. Gay*), Mayet-de-Montagne ! ; Urçay !.

Lepidium graminifolium L. — Montluçon !. Moulins !. Env. de Saint-Pourçain, le Vernet ! Chantelle-le-Château !. — Evaux !.

— **Smithii** Hooker. — Saint-Pourçain, bords de la Sioule !, Bessay ! (*H. Gay*). — Bellaigue près Marcillat ! (*Mme Vaillant*). — Chambon, bords de la Voueize !.

— **draba** L. — Bellenaves, route de Naves ! (*H. Gay*). — Env. de Saint-Pourçain, Rosier-Montord ! (*Lavediau*), Fourilles ! (*Bourgougnon*).

Biscutella granitica Bor., Pér. *Cat.* p. 61. — Saint-Marien (Creuse), bords du Cher au-dessus du moulin du Bief !. — A. C.

Iberis arvatica Jord. — Vicq, les Gazeriers, Veauce ! — La Chapelle-Saint-Ursin ! sur nos limites.

Thlaspi perfoliatum L. — Champs et vignes calcaires. — Couraud et Domérat ! Huriel, vignes de Salles !. — Env. de Saint-Pourçain : Chassignet ! Saulcet ! Branssat !. — Coulandon ! (*Rondet*).

— **silvestre** Jord., Bor. — (*T. alpestre* auct. plur.). — Région du Sud-Est : env. de Cusset, bords du Sichon !.

Lunaria rediviva L., Bor. — Ferrières, cascade du Sichon près de la grotte des Fées !.

Berteroa incana DC. — Saint-Amand, bords du canal vers Drevant ! (*Larguèze*). — Moulins vers Vallières (*herb. Gay !*). — Cette espèce adventice se propage sur les talus du chemin de fer depuis Lapalisse jusqu'à Saint-Germain-des-Fossés et commence à se répandre sur la voie du côté de Gannat.

Polygalées.

Polygala calcarea Schultz. — Calcaires de Grandfond et des Chanets !. — Champs entre Ainay-le-Château et Charenton ! *(Dujon)*.

Caryophyllées.

Dianthus congestus Bor. — Montluçon, rochers granitiques ! A. C. — Le Breuil près Lignerolles, bords du Cher !. — Gannat, bords de l'Andelot !. — Chouvigny, bords de la Sioule !.

— **Armeria** L. — Blomard, forêt de Château-Charles !; forêt de Vacheresse ! *(Moriot)*. — Rosier-Montord ! *(Lavediau)*. — Saint-Marien, bords de la Tardes ! — Le Breuil près Lignerolles ! — Vallon-en-Sully ! — Saint-Florent ! sur nos limites.

— **Boreanus** N. *Mat. Fl. Bourb.* — Env. de Marcillat ! — Bateau du Mas, au-dessous de Saint-Marien !. — Cette espèce paraît suivre les bords de la Tardes depuis Chambon jusqu'à son embouchure dans le Cher, et remonte le cours de ce dernier du côté de Chambouchard et de Marcillat.

Vaccaria vulgaris Host. — Egrepont près Moulins ! *(Avisard)*. — Rosier-Montord ! *(Lavediau)*. — Saint-Florent ! sur nos limites.

Silene Armeria L. — Le Breuil, bords du Cher ! — Urçay, l'Etelon, grès triasique ! — Gannat, rochers de Rouzat !, Jenzat !. — Vanteuil près Saint-Pourçain !.

— **nutans** L., var. *rubriflora*. — Saint-Pourçain au Puy de Breu ! — Urçay, à la Sapinière !.

Sagina patula Jord. — Bords de la Sioule entre Contigny et La Chaise !.

Spergula Morisonii Bor. — Izeure près de Moulins ! *(H. Gay)*. — Bateau du Mas près de Saint-Marien !. — Chantelle, sur les bords de la Bouble ! *(Bourgougnon)*. — Branssat, rochers des bords du Gaduet !.

Alsine tenuifolia Crantz. — Urçay, grès calcarifères du Trias !.

Larbrœa aquatica A. Saint-Hil. — Forêt des Colettes ! — Blomard, bords de la Sarre !. — Braize, tourbières des étangs Roux !. — Chambon, bords de la Voueize ! — Région des montagnes du Sud-Est : Mayet-de-Montagne, Ferrières, Laprugne !. — A. C.

Mœhringia trinervia Koch, var. *glauca*. — Feuilles plus petites, les inférieures arrondies, plante très glauque dans toutes ses parties. — Chambon, bords de la Voueize !.

Cerastium brachypetalum Desp. — Urçay, grès du Trias !. — Saint-Amand, calcaires infraliasiques !. — Branssat, bords du Gaduet !.

— **arvense** L. — Moulins ! — Env. de Saint-Pourçain, champs calcaires de Branssat !, Saulcet ! Louchy-Monfaud !.

Malachium aquaticum Fr. — Dompierre et Diou, bords de la Loire !.

Elatinées.

Elatine hexandra DC. — Souvigny, étang de Messarges ! *(H. Gay)*.

Malvacées.

Althæa hirsuta L. — Montord ! (*Lailloux*). — Région du Nord-Ouest : Saint-Amand ! La Chapelle-Saint-Ursin ! Saint-Florent !.

Malva silvestris L., forme *parviflora*. — Fleurs et fruits plus petits. — Ferrières, sur le calcaire carbonifère !.

— **laciniata** Desr. — Saint-Marien, bords de la Tardes ! — Bellenaves, forêt des Colettes !. — Izeure ! (*Lailloux*).

Tiliacées.

Tilia parvifolia Ehrh. — Evaux ! (De Cessac *Cat.*), Budelière-Chambon, bords de la Tardes ! Saint-Marien !, bords du Cher depuis le Bateau du Mas jusqu'au dessous du Breuil près de Lignerolles ! — Neuvialle près Gannat !. — Cette espèce est certainement spontanée sur les rochers des bords du Cher, de la Tardes et de la Sioule.

    La variété *cordifolia* se trouve avec le type.

Hypéricinées.

Androsæmum officinale All. — Forêt de Tronçais, Chamignoux, ruisseau des Planchettes et ravin de la Bouteille ! (*Pérard* et *Moriot*).

Hypericum microphyllum Jord. — Laprugne, versant du Montoncel en allant à la fontaine de Credogne !.

— **hirsutum** L. — Branssat, bords du Gaduel ! — Bois de Veauce !, forêt des Colettes !. — Bateau du Mas, bords du Cher et de la Tardes !.

— **quadrangulum** L. — Ferrières, au Montoncel ! (*Migout Addit.* p. 27), Laprugne, prairies du Point-du-Jour !, bois d'Assise entre Pierrebelle et la Loge des Gardes !.

— **Desetangsii** Lamotte *Prodr.* p. 165. — Bords de la Veauce ! (*Lamotte l. c.*) dans le bois en montant à la fontaine minérale !. — Environs du domaine d'Housinat près de Lalizolle !.

Géraniacées.

Geranium phæum L. — Env. de Saint-Pourçain, prairie de Champagne, au bord de la Sioule ! (*Lavediau*) où il varie à fleurs blanches. — Bayet, près du moulin Chatelus ! (*Berthoumieu*).

— **silvaticum** L. — Saint-Marien, bords de la Tardes ! A. C., d'où il descend, en suivant le cours du Cher, jusqu'à Lavault-Sainte-Anne, Chauvière ! moulin Chapelot ! etc.

— **sanguineum** L. — Saint-Florent, bois de la tour du Beau ! sur nos limites — Région Nord-Ouest.

— **pyrenaicum** L. — Saint-Pourçain ! Montord ! (Boreau *Centr.* p. 129), Escurolles !, — Saint-Germain-de-Salles !. — Urçay près de la gare !. — Néris ! — Marcillat !.

— **pusillum** L. — Evaux ! Budelière-Chambon ! Saint-Marien, au Bateau du Mas ! — Env. de Montluçon, Marmignolles, Désertines !. — Urçay !.

    Varie à fleurs blanches. — Montluçon !.

Erodium pilosum Thuill., Bor. — Montluçon ! C. — Gannat, Saint-Pourçain !
Branssat !. — La Chapelle-Saint-Ursin ! sur nos limites.

Oxalidées.

Oxalis acetosella L. — Blomard, forêt de Château-Charles ! — Branssat,
bords du Gaduet ! *(H. Gay)*.— Forêt de Tronçais au ravin de la Bouteille !
— Forêt de Soulongis ! — Bézenet ! *(Moriot)*. — Evaux, Budelière-Chambon, La Valette, Saint-Marien, bords de la Voueize et de la Tardes ! C.
— Région des montagnes du Sud-Est, bords de la Besbre !.

— **stricta** L. — Saint-Marien, Chambon, bords de la Tardes !. — Vicq !.

Balsaminées.

Impatiens noli-tangere L. — Forêt de Tronçais, dans le ravin de la Bouteille ! *(Moriot)*. — Vicq, bords de la Veauce !.

Légumineuses.

Genista sagittalis L. — Branssat, bords du Gaduet ! — Gannat, bords de
l'Andelot ! — Env. de Vicq, rochers de micachiste près de Veauce ! —
Chambon, rochers granitiques ! — Aubusson !.

— **tinctoria** L., forme *parviflora*. — Env. de Laprugne, bois de la Madeleine ! *(Bletterie)*. — Cette forme des montagnes diffère par ses fleurs qui
sont bien plus petites que celles du type.

— **pilosa** L. — Saint-Marien, rochers granitiques ! — Chantelle, rochers de
la Bouble !, Branssat, bords du Gaduet !, Verneuil ! *(Moriot)* — Gannat,
rochers de la Sioule entre Neuvialle et Rouzat ! ; Poëzat ! — Bois d'Audes !,
brandes du Cluzeau d'Audes ! — Région des montagnes du Sud-Est où il
s'élève presque jusqu'au sommet du Montoncel !.

Ononis campestris Koch. — Gannat, calcaires du Montlibre et des Chapelles !
— Chantelle, près de Bichepot ! ; coteaux entre Etroussat et Fourilles !
Bayet !.

Anthyllis vulneraria L. — Charroux ! *(Baudonnet)* ; Gannat, calcaires du
Montlibre et de la Bâtisse !, rochers de Neuvialle !.

Medicago ambigua Jord. — Rochers de Deneuille ! *(Bourgougnon)*.

Trifolium rubens L. — Saint-Amand, calcaires infraliasiques ! Ainay-le-
Vieil !, Urçay !, talus du chemin de fer. — Saint-Florent, bois de la tour
du Beau !. — Gannat, rochers de Neuvialle !.

— **Molinerii** Balb. — Env. de Saint-Pourçain, Puy de Breu ! Fourilles !.

— **agrestinum** Jord. — Braize, lieux sablonneux !. — Moulins !.

— **rubellum** Jord. — Gannat, coteaux de Sainte-Procule !. — Moulins, bords
de l'Allier !. — Lignerolles, rochers du Cher au-dessous du Breuil !.

— **montanum** L. — La Chapelle-Saint-Ursin ! sur nos limites.

— **ochroleucum** L. — Env. de Braize, prairies marécageuses ! — Calcaires
de Grandfond et des Chanets ! — Bayet, bois de Bompré !. — La Chapelaude ! *(Dujon)*.

T. medium L. — Gannat, bords de la Sioule entre Rouzat et les Oies !. — Veauce, Vicq !. — Rosier-Montord près de Saint-Pourçain ! *(Lavediau)*. — Forêt de Moladier ! *(Moriot)*, Izeure ! *(H. Gay)*.

— **scabrum** L. — Moulins, bords de l'Allier ! *(Migout)*.

— **subterraneum** L. — Contigny, bords de la Sioule !, Branssat, bords du Gaduet !. — Fleuriel ! *(Bourgougnon)*. — Env. du Vernet, Chambon de Bayet ! *(H. du Buysson)*.

— **elegans** L. — Commentry, bois Martenot !.

— **minus** Relhan. — Env. de Montluçon ! C. — Moulins, bords de l'Allier ! *(H. Gay)*. — Chambon ! — Bellaigue ! sur nos limites.

Lotus angustissimus L. — Env. de Braize, lieux sablonneux !

— **diffusus** Solander. — Gannat, coteaux calcaires de la Bâtisse ! — Commentry, dans les moissons !.

— **major** Scop. — Gannat, marais des Sagnes !, bois de Veauce ! Bellenaves, forêt des Colettes ! — Audes ! — Commentry ! — Néris !. — Moulins !. — Chambon, bords de la Voueize !. — Région des montagnes du Sud-Est : Laprugne, dans les grandes Narses !.

Astragalus glycyphyllos L. — Moulins, Avermes ! — Branssat, bords du Gaduet ! coteaux entre Etroussat et Fourilles !. — Env. de Vallon, calcaires des Chanets !. — Saint-Florent, à la tour du Beau !. — Saint-Marien, bords de la Tardes !. — Ebreuil ! *(H. Gay)*.

Hippocrepis comosa L. — Urçay, à la Sapinière ! — Branssat, bords du Gaduet !, Cesset ! Verneuil ! — Montluçon, vallée du Lamaron !.

Ervum tetraspermum L. — Moulins, champs de Plaisance ! — Commentry, près du château Martenot !.

Vicia tenuifolia Roth. — Branssat, haies des Millers ! — Saint-Amand, haies de la garenne d'Orval !.

— **Bobartii** Forster, Bor. — Braize ! Urçay ! — Branssat ! — Vicq, Veauce, les Gazeriers ! — Audes près des Fulminais !. — Chambon !.

— **segetalis** Thuill. — Branssat !, Contigny ! — Vicq ! — Commentry !. — Saint-Amand !.

— **lathyroides** L. — Saint-Pourçain, aux Cordeliers ! *(H. Gay)*, Bayet !, Branssat, bords du Gaduet ! — Dorne ! *(Mme Vaillant)*.

— **Forsteri** Jord. — Chambon, moissons ! — Peu C.

— **lutea** L. — Moulins ! — Montluçon, aux Iles ! Lavault ! Marmignolles et Désertines !. — Murat ! — Commentry ! — Gannat, champs du Vernet ! — Branssat !. — Souvigny ! *(Bouchard)*.

— **sepium** L. var. *chlorantha*. — Izeure ! — Beaumont près Urçay !.

Lathyrus Nissolia L. — Moulins, à Izeure ! *(Chomont)*. — Env. de Saint-Pourçain entre les Brosses et Baruthet ! *(Lavediau)*, champs de Bayet ! *(Berthoumieu)*, bords de la Sioule au-dessous du Vernet ! *(H. du Buysson)*. — Commentry, moissons du château Martenot !.

— **sphæricus** Retz. — Chareil-Cintrat, bord du bois de la Rivière ! *(Bourgougnon)*.

L. angulatus L. — Commentry ! — Env. du Vernet, bords de la Sioule !.

— **hirsutus** L. — Région Nord-Ouest : Saint-Florent ! Chapelle-Saint-Ursin ! sur nos limites. — Bellenaves ! Evaux !

— **tuberosus** L. — Dun-sur-Auron ! Saint-Amand, moissons entre Bouzais et Arcomps !. — Champs calcaires de Vicq, les Gazeriers !.

— **latifolius** L. — Souvigny, forêt de Messarges (*herb. Bouchard* !).

Orobus niger L. — Env. de Saint-Pourçain, bois de Branssat ! (*Lavediau* et *Bourgougnon*).

— **albus** L. — Saint-Amand, route de Meillant, aux Grands-Villages !.

Rosacées.

Spiræa filipendula L. — Forêt de Tronçais, sur la lisière du côté de Braize !.

— **ulmaria** L. — Forme *glauca*. Feuilles d'un blanc glauque en dessous. — Moulins, marais de Plaisance ! — Manque dans beaucoup de contrées.

Geum rivale L. — Région des montagnes du Sud-Est : bords des ruisselets de la Besbre près du sommet du Montoncel !.

Fragaria elatior Ehrh. — Bois de Bellaigue près de Marcillat ! (*Mme Vaillant*).

Comarum palustre L. — Lavaud-Franche (Creuse) près des pierres Jho-mâtres ! — Forêt des Colettes entre Bellenaves et Echassière !. — Région des montagnes du Sud-Est : Lapalisse, marais de Rosières !. — Laprugne, tourbières du bois d'Assise entre Pierrebelle et la Loge des Gardes !.

Sanguisorba serotina Jord. — Diou, bords du canal latéral à la Loire ! (Pér. *Communic.*).

— **montana** Jord. — Laprugne, pâturages du bois d'Assise entre Pierrebelle et la Loge des Gardes !.

Poterium muricatum Spach. — Budelière-Chambon, rochers des bords de la Tardes ! — Montluçon !.

— **dictyocarpum** Spach. — Montluçon ! Urçay ! Saint-Amand ! Gannat ! Saint-Pourçain, calcaires de Saulcet !.

Forme *latifolium*. — Montluçon, à Chatelard ! — Plante, à feuilles larges et découpées, plus grande dans toutes ses parties.

Alchemilla vulgaris L. — Région des montagnes du Sud-Est : Laprugne, dans le pré de la ferme du Point-du-Jour !, bords des ruisselets de la Besbre en montant au Montoncel !.

Forme *A. bellojocensis* Gand. — Laprugne, bois d'Assise !.

Pomacées.

Mespilus germanica L. — Bords de la Sioule entre Jenzat et Vauvernier !. — Spontané !.

Malus acerba Mérat. — Saint-Amand, calcaires infraliasiques !. — Région des montagnes du Sud-Est : Laprugne, bords de la Besbre !.

Sorbus Aucuparia L. — Région des montagnes du Sud-Est : bois d'Assise ! (Pér. et Mig. *Excurs.*) ; Bois noirs jusque près du sommet du Montoncel !.

— Laprugne, bords de la Besbre !. — Spontané !.

S. **torminalis** Crantz. — Etroussat, bois de Douzon ! (*Lavedan*). — Saint-Marien, dans le bois au-dessus de la Tardes !. —Bois entre Chazemais et Courçais ! — Marcillat !.

— **Aria** Crantz. — Forêt des Colettes entre Bellenaves et Echassière ! (*Boreau Centr. édit.* 1, p. 144). — Région des montagnes du Sud-Est où il est commun et remonte presque jusqu'au sommet du Montoncel !. — Saint-Marien (Creuse), dans le bois au-dessus de la Tardes !. — R.

GENRE **RUBUS** Tourn., L.
Section I. *Idæi* Genev. *Essai monogr.* p. 8.
S.-Genre *Batidea* Dumort.

R. Idæus L. — Bois de Lalizolle et de Veauce ! (Lamotte *Prodr.* p. 247) ; Forêt des Colettes entre Bellenaves et Echassière !. — Région des montagnes du Sud-Est : Cusset, bords du Sichon à l'Ardoisière ! ; Laprugne, bois d'Assise !, Bois noirs en montant au Montoncel ! — C.

Var. *subinermis*. — Plante presque inerme, feuilles ovales-oblongues, larges, acuminées, très blanches en-dessous. Fleurs espacées le long des rameaux et peu nombreuses. — L'Ardoisière près Cusset !, forme assez commune sur les bords du Sichon.

Section II. *Fruticosi* Genev. *l. c.* p. 9.
S.-Genre *Genevieria* Gand. *Eur.*

— **orthacanthus** Wimmer. — Néris, bois des Modières !.

— **corylifolius** Sm. — Jenzat, bords de la Sioule !.

— **nemorosus** Hayne. — Montluçon, haies du Gourre-du-Puy !.

— **diversifolius** Lindl. — Pér. *Cat.* p. 81. — Montluçon, dans les bois environnants !.

— **prægracilis** Gand. — Bords de la Bouble près de Chantelle ! — Bayet, bords de la Sioule !.

— **cæsius** L. — Env. de Gannat, la Bâtisse !, bords de la Sioule à Jenzat !.
Forme *umbrosa* Weihe. — Jenzat !, bords de la Sioule !.
— *ferox* Weihe. — Bois de Douzon ! (*H. du Buysson*).

— **aquaticus** Weihe. — Gannat, haies de la route de Charmes aux Raynaud !.

S.-Genre *Boulaya* Gand. *Eur.*

— **glandulosus** Bell. — Saint-Priest-Laprugne, dans les Bois noirs ! — Noirétable, sur nos limites. — Région des montagnes. — A. C.

— **hirtus** W. et N. — Laprugne, bois d'Assise entre Pierrebelle et la Loge des Gardes !.

— **rudis** Weihe. — Forêt des Colettes entre Bellenaves et Echassière !.

— **Lingua** W. et N. — Montluçon, route des Modières !.

— **Kœhleri** W. et N. — Env. de Montluçon et de Néris, dans le bois des Modières !. — Culan (*Déséglise* sec. Bor. *Centr.* p. 196).

— **calliphyllus** Müll. — Montluçon, bords du ruisseau de Laliaudon !.

— **amplifolius** Müll. — Cusset, à l'Ardoisière !.

8.-Genre *Eurubus* Gand. *Eur.* p. 189.

R. **suberectus** Anders. — *R. fruticosus* L. pro parte. — Env. dé Gannat, bois du Vernet !. (*H. du Buysson*).

— **fastigiatus** W. et N. — Env. de Magnette, dans le bois d'Audes ! — Urçay, forêt de Tronçais au Rond du Chevreuil ! triage de Montaloyer !. — Env. de Gannat, bois du Vernet ! (*H. du Buysson*).

— **plicatus** W. et N. — Commentry, bois Martenot ! — Env. de Lapalisse, près du Montet ! — Laprugne, bords de la Bièvre sur les schistes du Carbonifère !.

— **opacus** Focke. — Forêt de Tronçais, environs du Rond du Chevreuil !. — Espèce rare en France.

— **nitidus** W. et N. — Budelière-Chambon, bords de la Tardes !.

— **affinis** Weihe. — Néris, bois des Modières. — Urçay, forêt de Tronçais au Rond du Chevreuil !. — Chambon, bords de la Tardes !. — La forme des environs de Néris est rare.

— **carpinifolius** Weihe. — Env. de Magnette, dans le bois d'Audes !.

— **vulgaris** W. et N.— *R. communis* Weihe. — Montluçon, haies du Thet !.

— **rhamnifolius** W. et N. — Env. de Lignerolles, dans le ravin du Mont !.

— **thyrsoideus** Wimmer. — Montluçon !, Moulins !, Gannat !, Laprugne !. C.

— **Debeauxii** Gand. — *Flore pleno*. — Crevallat près de la ferme !.

— **alixensis** Gand. — Urçay, forêt de Tronçais au Rond du Chevreuil !.

— **longibracteatus** Gand. — Urçay, forêt de Tronçais, Rond du Chevreuil !.

— **discolor** W. et N., Pér. *Cat.* p. 81. — Montluçon, dans les haies !. — Lignerolles !. — A. C.

　　Forme *inermis*. — Saint-Amand, calcaires infraliasiques !.

　　　— *microphyllus*.— feuilles plus petites. — Montluçon ! (Pér. *Cat.*).

— **petrophilus** Gand. — Lignerolles, rochers du ravin de Murat !.

— **Oculus-Junonis** Gand. — Urçay, forêt de Tronçais, Rond du Chevreuil !.

— **Zubiæ** Gand. — Urçay, forêt de Tronçais, au Rond du Chevreuil !.

— **rusticanus** Mercier. — Lignerolles, rochers du ravin du Mont !.

— **amœnus** Portenschl., Pér. *Cat.* p. 81. — Montluçon, bois de Laliaudon !, route de Villebret et des Modières !.

— **bifrons** Vest. — Montluçon, bois de la Brosse !.

— **pubescens** W. et N. — Montluçon, haies de la route des Modières ! — Lignerolles, rochers du ravin du Mont ! — Urçay, forêt de Tronçais, au Rond du Chevreuil !. — Env. de Chantelle, bords de la Bouble ! — Jenzat, bords de la Sioule !.

— **robustus** Müll., Pér. *Cat.* p. 81. — Montluçon, vallée du Lamaron !.

　　Forme *R. Thuillieri* Poir. Bor. *Centr.* p. 203. — Montluçon !.

— **argenteus** Weihe. — Montluçon, haies du Thet ! et route des Modières ! — Vallée du Lamaron à Saint-Hélène ! — Lignerolles, dans le ravin du Mont !.

— **villicaulis** W. et N. — Lignerolles, rochers du ravin du Mont ! — Urçay, forêt de Tronçais au Rond du Chevreuil !.

3.

R. **Schultzii** Rip. — Env. de Chantelle, bords de la Bouble ! — R.

— **macrophyllus** W. et N. — Lignerolles, dans le ravin de la Garde !. — Urçay, forêt de Tronçais au Rond du Chevreuil !.

— **silvaticus** W. et N. — Env. de Magnette, dans le bois d'Audes !.

— **vestitus** W. et N. — Montluçon, route de Chatelard ! — Lignerolles, dans le ravin du Mont ! — Urçay, forêt de Tronçais entre le Rond du Chevreuil et l'étang de Saint-Bonnet-le-Désert ! — C.

— **separinus** Génev. — Montluçon, dans les haies des Iles au Thet !.

— **Menkei** W. et N. — Lignerolles, rochers granitiques des bords du Cher, dans le ravin du Mont ! — Une forme élégante de ce type croit également dans la même localité.

— **tomentosus** Borkh., Pér. *Cat.* p. 81. — Montluçon, route de Chatelard !, champs près des Modières ! — Budelière-Chambon, pont de la Tardes !.

Forme *macrophyllus.* — Montluçon, bois de la Brosse ! — Dans cette forme les feuilles sont deux fois plus grandes, plus ovales-oblongues, les tiges sont munies d'aiguillons rougeâtres.

— **Lloydianus** Génev. — Montluçon, dans les haies du Thet !.

— **collinus** DC. — Env. de Gannat (Bor. *Centr.* édit. 3, p. 202), Montluçon, !.

J'ai recueilli, à l'Ardoisière près de Cusset, une grande partie des *Rubus* indiqués par Genevier, ils sont à l'étude ainsi que les *Rubus* récoltés cette année dans les Bois noirs et au Montoncel.

Onagraires.

Epilobium rosmarinifolium Hænk. — Sables de la Loire entre Diou et Gilly ! (abbé *Bouillon*).

Cette espèce a été rencontrée plusieurs fois sur les bords de l'Allier à Moulins, où elle paraît ne plus exister ; elle a été recueillie également à Neuvialle près Gannat ; je l'ai cherchée vainement dans cette dernière localité avec le Dr Vannaire ; il est à craindre qu'elle n'ait également disparu. Son existence à Laprugne (Migout *Addit.* p. 36) est très problématique. Dans la dernière localité que je signale, cet épilobe est probablement adventice, il a sans doute été amené, par la Loire, de la région élevée des montagnes.

— **montanum** L. — Marcillat, Bellaigue ! — Forêt des Colettes !, bois de Veauce ! — Région du Sud-Est, Laprugne au bord de la Besbre ! Ferrières, l'Ardoisière ! sur les schistes du Carbonifère.

— **collinum** Gmel. — Région des montagnes du Sud-Est, Laprugne, bois d'Assise !, bords de la Besbre sur les schistes du Carbonifère !.

— **lanceolatum** Seb. et Maur. — Bois de Veauce ! — Cusset à l'Ardoisière ! — Saint-Priest-en-Murat ! (*H. Gay*).

— **palustre** L. — Forêt des Colettes entre Bellenaves et Echassière ! — Région des montagnes du Sud-Est, Laprugne dans les grandes Narses !, ruisselets tourbeux de la Besbre au Montoncel !.

— **tetragonum** L. — Moulins, marais de Plaisance ! — Forêt de Tronçais, tourbières des étangs Roux ! — Env. de Vicq, bords de la Veauce !.

E. obscurum Schreb. — Murat, bords du ruisseau affluent de l'Aumance ! — Bellenaves, dans la forêt des Colettes ! — Région des montagnes du Sud-Est : assez commun autour de Ferrières et de Laprugne, dans les grandes Narses !, bords de la Besbre sur les schistes du Carbonifère !, bois d'Assise entre Pierrebelle et la Loge des Gardes !, ruisselets de la Besbre près de sa source au Montoncel !.

— **vagans** Gand. — Env. de Chambon, lieux humides !. — Espèce bien distincte, présentant de larges rosettes de feuilles, le plus souvent rougeâtres, et ayant un faciès qui la fait distinguer de suite des formes voisines.

— **roseum** Schreb. — Forêt des Colettes entre Bellenaves et Echassière ! — Gannat, bois de Neuvialle ! — Ferrières, bords du Sichon !.

Circæa intermedia Ehrh. — Châtel-de-Montagne, Le Mayet, Saint-Clément, Saint-Nicolas-des-Biefs *(Saul* sec. Bor. *édit.* 1, **p.** 116), ruisselets de la Besbre en montant au Montoncel ! — R.

— **lutetiana** L. — Commun dans les bois de toute la région !.

   Var. *latifolia*, feuilles de 12-13 centim. de longueur sur 7-8 centim. de largeur. — Lieux ombragés de la forêt de Tronçais !.

Isnardia palustris L. — Env. de Souvigny, étang de Messarges ! *(H. Gay).* — Gannat bords de l'Andelot ! — Diou, bords de la Loire !.

Trapa natans L. — Pomay, Le Veurdre, étang de Beauregard ! *(Rondet).* — Varennes-sur-Allier, étang route de Rongères ! — Etang entre Franchesse et Ygrande !.

Haloragées.

Callitriche hamulata Koch. — Branssat, mare des bords du Gaduet !. — Gannat, dans l'Andelot !.

Myriophyllum verticillatum L. — Contigny, boires de la Sioule !, Rosier-Montord, près du moulin de Champagne ! *(Lavediau).*

Lythrariées.

Lythrum hyssopifolia L. — Montluçon, mare des Modières ! — vignes de Chareil-Cintrat ! *(Lavediau).* — Trevol ! (*H. Gay*). — Coulandon ! (*Rondet*).

Paronychiées.

Scleranthus perennis L. — Région du Sud-Est : Ferrières, Laprugne !.

Illecebrum verticillatum L. — Le Theil ! (*Chomont*). — Saint-Fargeol près Marcillat ! — Chambon, bords de la Voueize ! — Lavaud-Franche, brandes des pierres Jhomâtres ! — Région du Sud-Est : Saint-Priest-Laprugne !, landes du bois d'Assise autour de Pierrebelle !.

Corrigiola littoralis L. — Le Theil ! (*Chomont*). — Marcillat, Bellaigue ! (*Mme Vaillant*), Evaux ! — Région du Sud-Est : Laprugne, bords de la Besbre !.

Crassulacées.

Sedum maximum Hoffm., Bor. *Monogr.* p. 7. — *Anacampseros maxima* J. Bauh., Haw. Forme *genuinum*. — Env. de Gannat, bords de la Sioule depuis Jenzat jusqu'à Ebreuil!.— Châteauneuf-les-Bains!. — Région des montagnes du Sud-Est : Ferrières, bords du Sichon!, rochers de Pierre-Encise!— Laprugne, bords de la Besbre sur les schistes du Carbonifère!, environs de Pierrebelle!.

Var. *roseum*.— Fleurs d'un blanc rosé.— Laprugne bords de la Besbre près du moulin Charrier!.— R.

Forme *compactum*.— Plante glauque, feuilles plus petites, munies d'une nervure médiane le plus souvent rougeâtre, inflorescence en corymbe serré, compacte, à rameaux rapprochés au sommet de l'axe. J'ai rapporté cette forme du bois d'Assise, à la Pierre-du-Jour, de notre excursion (1881) avec mon collègue Migout, elle a fleuri en juillet suivant, et j'ai pu ainsi lui donner son nom de *S. maximum* dans la liste des plantes publiées. Depuis, la plante, cultivée par moi seulement, ne montre aucune modification dans ses caractères, et pour la distinguer du véritable *S. maximum* Hoffm., je lui ai donné le nom en herbier de *S. foristense*, elle varie à fleurs rosées.

— **Telephium** L. — Var. *roseum*. — La Chabanne près de Laprugne ! (*Abbé Renoux*).— Le type Linnéen d'après la figure citée de Fuschius et d'après Fries, a les fleurs blanchâtres et les feuilles un peu rétrécies à la base. La plante du Sud-Est, très élégante, diffère par ses fleurs d'un blanc rosé, an spec? (*S. elegans* in herb.).

— **purpurascens** Bor. *Centr*. p. 254 pro parte. — Env. de Saint-Pourçain, bords de la Sioule ! (*Lavediau*).— Région des montagnes du Sud-Est : Laprugne, bois de la Madeleine !.

La forme des bords de la Sioule possède l'inflorescence lâche du *S. Lobelii* Bor. et les feuilles, à dentelure caractéristique, du *S. Borderi* Jord. *Icon. Fl. Eur.* t. 1, pl. 96!.— La forme du Sud-Est est très voisine du *S. Lobelii*, plante du Morvan et probablement du Forez.

— **intermedium** Déséglise, Bor. *Monogr*. p. 14.— Montluçon, bois de Chauvière!— Gannat, Jenzat, bords de la Sioule !.

— **controversum** Bor. *Monogr*. p. 16. — Marcillat, bords du Buron !.'— Saint-Marien, rochers du Cher et de la Tardes au Bateau du Mas !— Espèce du Sud-Ouest.

— **thyrsoideum** Bor., *Monogr*. p. 11.— *S. confertum* Bor. olim. — Env. de Lavaveix-les-Mines (Creuse) vallée de Trentloup !.

— **Fabaria** Koch, Bor. *Monogr*. p. 18.— Saint-Marien !— Vallée de Trentloup entre Lavaveix-les-Mines et Aubusson ! (Creuse).— Région des montagnes. — Cette espèce se distingue par ses fleurs plus petites, en corymbe serré, et supportées par des pédicelles presque filiformes.

— **cepæa** L.— Le Vilhain, forêt de Soulongis! *(Moriot)*, Saint-Genest, Lignerolles!— Saint-Pourçain ! Le Vernet !.— Saint-Marien ! Budelière-Chambon, bords de la Tardes !.

— **rupestre** Willd, an L.?; — feuilles caulinaires appliquées contre la tige.— Montluçon ! — Murat !— Peu C.

Sempervivum tectorum L., var. *rupestre* ; feuilles vertes ne présentant pas de taches rougeâtres au sommet. — Hérisson, rochers de l'Aumance!.

Umbilicus pendulinus DC. — Évaux, Chambon, bords de la Tardes et de la Voueize!, A. C. — Bourbon-Lancy! (Bor. *Centr.* édit. 3, p. 261) sur nos limites. — Ebreuil, bords de la Sioule! (*H. Gay*).

Grossulariées.

Ribes alpinum L. — Vicq! — Ferrières, rocher de Saint-Vincent! *(Rondet).* — Saint-Marien, Budelière-Chambon, bords de la Tardes! — Saint-Amand (Bor. *Centr.*), garenne d'Orval!.

Var. *foliis variegatis.* — Feuilles panachées de jaune et de vert. — Bois de Saint-Marien!.

Saxifragées.

Saxifraga granulata L. — Saint-Marien, bords du Cher!, Budelière-Chambon, bords de la Tardes!. — Branssat, bords du Gaduet!. — Souvigny!.

Chrysosplenium oppositifolium L. — Marcillat!, Saint-Marien, bords de la Tardes! — Env. de Gannat, bords de la Sioule entre Neuvialle et la Vernue! — Bellenaves, forêt des Colettes! — Vicq dans le bois de Veauce!. — Cusset à l'Ardoisière! bords du Sichon et de la Besbre!, A. C.

— **alternifolium** L. — Région des montagnes du Sud-Est : Laprugne (*F. Lager* sec. Mig. *Addit.* p. 43), La Chabanne! *(Bletterie)*, marais du bois Retord! *(Renoux)*.

Ombellifères.

Hydrocotyle vulgaris L. — Chambon, bords de la Voueize! — Moulins, pré de la Cave!, Neuilly-le-Réal (*H. Gay*). — Forêt de Tronçais, étangs Roux et de la Commanderie près Braize! — Vallon-en-Sully, étang avant l'écluse de la Queugne au bord du canal!. — Lurcy-Lévy!.

Sanicula europæa L. — Saint-Amand, garenne d'Orval! — Montluçon, bois de la Brosse! ravin de Gouttières! — Bellenaves, forêt des Colettes!, Jenzat!. — Bois de Branssat!.

L'Astrantia major L. existe, échappée probablement des jardins, sur les bords de l'Aumance à Hérisson!.

Helosciadium nodiflorum L. var. *intermedium* Coss. — Moulins à Plaisance!.

Petroselinum segetum Koch. — Neuvy! *(Crouzier, Migout)*, Montord près Saint-Pourçain! (*Lailloux*). — R.

Trinia vulgaris DC. — La Chapelle-Saint-Ursin! (Bor. *Centr.* édit. 3, p. 268).

Falcaria Rivini Host. — Gannat, Saint-Pourçain! Souitte! Louchy! Montord! (Bor. *Centr.* p. 270), Bayet!, Chassignet!, Charroux! — Vicq! (*Dujon*).

Ægopodium Podagraria L. — Saint-Pourçain, bords de la Sioule! (*H. Gay, Migout*) au Puy-de-Breu! — Fourilles! (*Bourgougnon*). — Branssat, bords du Gaduet!.

L'Ammi majus L., trouvée le plus souvent dans les prairies artificielles, Gouise! (*Allard*), Moulins! (*Migout, H. Gay*), paraît être une plante adventice.

Carum verticillatum Koch. — Moulins à Izeure! — Commentry! Frontenat, signal de Laage! (600 m). — Bois d'Audes!. — Lapalisse, étang de Rosières!. — Laprugne dans les grandes Narses! (800 m), G. — Évaux!.

C. bulbocastanum Koch.—Env. de Saint-Pourçain, moissons entre Saulcet et Branssat!.

Pimpinella saxifraga L. var. *dissectifolia* Koch, Pér. *Cat.* p. 95.— Gannat, bords de la Sioule à Rouzat! — Blomard, forêt de Château-Charles!. — Lapalisse, à Saint-Prix!; Laprugne, rochers de la Besbre!— Saint-Marien, bords de la Tardes!.—Cette forme paraît spéciale aux régions granitiques, tandis que le type est commun dans les calcaires.

Bupleurum aristatum Bartling. — Charmes près de Gannat! (*Lavediau*). — La Limagne.

— **rotundifolium** L. — Ussel!, moissons de Vicq! C. — Gannat à la Bâtisse! Montord!.— La Chapelle-Saint-Ursin! sur nos limites.

Œnanthe fistulosa L. — Urçay, bords du Cher et du canal!. — Marais des Brosses près Saint-Pourçain! (*H. Gay, Lavediau*).—Etang des Landes près Chambon! (de Cessac *Cat.*).

— **Phellandrium** Lamk. — La Chaise près Monétay! (*Lailloux*). — Forêt de Moladier! (*Chomont*).

— **peucedanifolia** Pollich., Pér. *Cat.* p. 222, *Mat. Fl. bourb.* p. 18. — Le Montet, bois de Mondry! — Budelière-Chambon, prairies de la Tardes!.

Seseli montanum L. — Chantelle-le-Château, route de Bichepot!. — Env. de Saint-Pourçain, Louchy! (*Lavediau*), Montord! (*Lailloux*).

Silaus pratensis Besser.— Gannat, champs des Duriers!— Montluçon, prairies de Passat!— Montord près Saint-Pourçain! (*Lailloux*).— La Chapelle-Saint-Ursin, sur nos limites!.

Angelica montana Schleich.— Vallée de Trentloup entre Lavaveix-les-Mines et Aubusson! sur nos limites.— Région des montagnes du Sud-Est, A. C. : bords de la Besbre au-dessous de Laprugne, schistes du Carbonifère!.— Vicq, bords de la Veauce! (*Dujon*).

Pastinaca pratensis Jord.— Vignes de Valignat près Vicq (*Bouchard*).

Peucedanum gallicum Latourette.— Izeure, bois des Bordes! (*H. Gay*).— Jenzat, le Vernet, bords de la Sioule!— Forêt des Colettes près de Bellenaves!— Env. de Saint-Pourçain : bois de Branssat!, Verneuil! (*Lailloux*).

— **alsaticum** L.— Route de Chantelle à Chezelles! (*Lavediau*).

— **cervaria** Lap., Pér., *Mat. Fl. bourb.* p. 110.— Env. de Saint-Pourçain, Verneuil! (*Lailloux*); Branssat, haies des Millers!— Saint-Amand, calcaires jurassiques!; La Chapelle-Saint-Ursin! sur nos limites.

— **Oreoselinum** Mœnch. — Saint-Marien, rochers de la Tardes!— Urçay, calcaires de la Sapinière!.

Heracleum æstivum Jord. — Budelière-Chambon, bords de la Tardes!. — Laprugne, bords de la Besbre et dans les prés!.— Fruit à base manifestement rétrécie à partir du tiers inférieur, et à bandelettes atteignant le sommet et au moins le milieu du méricarpe.

Tordylium maximum L.— Montluçon, bois de la Brosse!— Branssat, calcaires! (*Moriot*).— La Chappelle-Saint-Ursin! — Lussat (De Cessac *Cat.*).

Laserpitium asperum Crantz. — Chambon, rive gauche de la Voueize! R. (*abbé Lascaud* sec. de Cessac *Cat.*).

Caucalis daucoides L. — Saint-Amand, champs d'Orval et de Bouzais !. — Montord près Saint-Pourçain !. — Gannat, calcaires du Montlibre, des Sagnes et de la Bâtisse ! — Vicq ! — La Chapelle-Saint-Ursin ! sur nos limites.

Turgenia latifolia Hoffm. — Saint-Amand ! Saint-Florent ! La Chapelle Saint-Ursin ! sur nos limites. — Gannat ! — Env. de Saint-Pourçain, Montord !, Saulcet ! (*Lailloux*), Bayet ! (*Berthoumieu*).

Torilis nodosa Gærtn. — Chareil-Cintrat ! (*Bourgougnon*).

— helvetica Gmelin, var. *divaricata.* — Moulins, champs de Plaisance !.

Scandix pecten-veneris L. — Saint-Amand, calcaires d'Orval !.

Anthriscus silvestris Hoffm. — Montluçon, bords du Canal ! — Saint-Marien, bords de la Tardes !, Budelière-Chambon, bois du Châtelet ! — Env. de Saint-Pourçain, bois de Chareil-Cintrat ! (*Bourgougnon*).

Chærophyllum Cicutaria Vill., Lamotte (*Prodr.* p. 348—349). — Région des montagnes du Sud-Est : Ferrières, bords du Sichon ! — Laprugne, Bois Noirs, bords des cascades de la Besbre, près des scieries, en montant au Montoncel !. — Plante robuste, feuilles tripennées, plus ou moins velues et non glabres-luisantes. Quand on l'arrache, la racine épaisse donne une odeur forte de ciguë vireuse. — Le *Ch. hirsutum* L. diffère par ses feuilles seulement bipennées et plus velues. Cette dernière paraît plus rare et il reste à vérifier si les localités de la Flore du Centre (Chatel-Montagne, le Mayet, Saint-Nicolas-des-Biefs) doivent être attribuées à cette espèce.

Caprifoliacées.

Lonicera xylosteum L. — Saint-Amand, garenne d'Orval ! — Moulins à Izeure ! — Gannat, au Montlibre ! à la Bâtisse ! Rouzat, bords de la Sioule !, Vicq aux Gazeriers ! — Bellenaves, à la Gée ! (*H. Gay*).

— etrusca Santi. — Gannat !; Charroux ! (*Berthoumieu*).

Sambucus ebulus L. — Ainay-le-Vieil ! Saint-Amand ! — Gannat, à Neuvialle !. — Branssat ! — Monétay-sur-Allier ! — Urcay !.

— racemosa L. — Gannat, bois de Neuvialle ! — Région des montagnes, Laprugne (*Bletterie*), bois d'Assise, Pierrebelle ! le Sapet ! — L'Ardoisière près de Cusset !.

Adoxa Moschatellina L. — Saint-Priest-en-Murat ! (*H. Gay*). — Le Theil ! (*Chomont*). — Vanteuil près Saint-Pourçain ! — Gannat, bois de Veauce ! — Saint-Germain-des-Fossés, le Mourgon ! — Saint-Pardoux près Marcillat !.

Viburnum Opulus L. — Beaumont près Urçay ! — Région du Sud-Est : Laprugne, bords de la Besbre !.

— Lantana L. — Bellaigue ! — Saint-Marien bords du Cher et de la Tardes ! — Vanteuil près Saint-Pourçain ! — Gannat, bois de Neuvialle !, les Buvats près Vicq !, Ebreuil ! — Saint-Germain-des-Fossés, Creuzier-le-Vieux (*Rondet*) — Saint-Amand ! La Chapelle-Saint-Ursin ! sur nos limites.

Rubiacées.

Rubia peregrina L. — Calcaires du Nord-Ouest, Saint-Amand ! Saint-Florent ! La Chapelle-Saint-Ursin !.

Asperula odorata L. — Forêts de Vacheresse ! et de Soulongis ! *(Moriot).* — Forêt de Messarges ! *(Bouchard).* — Ferrières bords du Sichon !, bords de la Besbre sur les versants du Montoncel !, bois d'Assise !.

— **galioides** M. Bieb. — *Galium glaucum* L. — Env. de Gannat : Saint-Priest d'Andelot, Montlibre et la Bâtisse ! (Bor. *Centr.* édit. 3, p. 309), RR. — Saint-Désiré, prairies ! *(Allard).* — Branssat, champs et carrières calcaires !.

— **arvensis** L. — Calcaires jurassiques de Saint-Florent !.

Galium saxatile L. — Chambon, rochers de la Voueize et de la Tardes ! — Lapeyrouse, bruyères de Rivallet ! *(Bourgougnon).* — Brandes de Saint-Désiré ! *(Allard).* — Le Montet, bois de Mondry !.

— **Timeroyi** Jord. — Coteaux de la Chapelle-Saint-Ursin ! sur nos limites.

— **palustre** L. — Laprugne, marais, bords de la Besbre !.

— **elongatum** Presl, Bor. — Commentry ! — Vicq, bords de la Veauce ! — Env. de Saint-Pourçain !.

— **uliginosum** L. — Bellenaves, forêt des Colettes ! — Lapalisse, marais de l'étang de Rosières !.

— **tricorne** With. — Saint-Pourçain, à Breu ! . — Saint-Florent ! La Chapelle-Saint-Ursin !.

Valérianées.

Valeriana dioica L. — Fourilles ! *(Bourgougnon),* Blomard, forêt de Château-Charles ! — Saint-Sauvier !.

— **officinalis** L. — Budelière-Chambon, taillis des bords de la Tardes !.
Forme à feuilles ternées. — Forêt de Messarges ! *(Bouchard).*

Valerianella carinata Lois. — Contigny, Branssat !.

— **auricula** DC., forme *rimosa* Bor. — Bec du fruit muni à la base de 2-3 dents saillantes. — Meaulne, moissons des Chanets ! . — R.

Dipsacées.

Knautia silvatica Duby. — Env. de Vicq, dans le bois de Veauce !.

Succisa pratensis Mœnch, forme *ovalifolia* N. — Feuilles radicales courtes ovales-obtuses, tige 1-2 décim. peu rameuse. — Laprugne, prairies marécageuses ! — Peu C.

Composées.

Petasites pratensis Jord. — Néris ! *(Murat).* — Bellaigue ! (Mme *Vaillant).*

Aster Amellus L. — Env. de Saint-Pourçain, Serres près Louchy ! *(Lavediau).*

Erigeron serotinus Rechb, Bor. édit. 3, p. 323. — Montluçon, sur les micaschistes et les laitiers ! — Gannat, à Neuvialle ! . — Fleurit en sept. et oct.

Solidago Virga-aurea L., forme *monticola.* — Région des montagnes du Sud-Est : Laprugne près du sommet du Montoncel !.

Bidens tripartita L. — Laprugne, prairies, bords de la Besbre ! — Vicq, bords de la Veauce ! — Bellaigue ! *(Mme Vaillant).*

Inula Helenium L. — Vicq, bords de la Veauce près Bournat ! *(Dujon).*

— **bifrons** L. — Montlibre près Gannat ! (Bor. *Centr.* édit. 3, p. 326). — RR.

— **Conyza** DC. — Branssat ! — Gannat, bords de la Sioule à Neuvialle ! le Montlibre ! les Chapelles !.

Micropus erectus L. — Saint-Florent !, La Chapelle-Saint-Ursin !.

Achillea Ptarmica L., forme *angustissima*. — Feuilles lancéolées-linéaires étroites. — Moulins, pré de la Cave ! — Lapalisse, marais de Rosières !, Laprugne, prairies au bord de la Besbre !.

Matricaria inodora L. — Env. de Lavaud-Franche ! — Champs de Saint-Priest-Laprugne ! — Gannat ! — Contigny ! — Montluçon, aux Iles !.

Leucanthemum graminifolium Lamk. — Coteaux de La Chapelle-Saint-Ursin ! (*Saul* sec. Bor. *Centr.* p. 332), sur nos limites.

Pyrethrum Parthenium Sm. — Murs de Montord ! (*Lailloux*). — Souvigny !.

— **corymbosum** Willd. — Région Nord-Ouest, Saint-Florent, bois de la Tour du Beau !, bois de La Chapelle-Saint-Ursin ! sur nos limites.

Gnaphalium uliginosum L. — Commentry ! Marcillat ! Huriel ! bords de la Maggieure ! Montluçon, mare des Modières ! — Jenzat, bords de la Sioule !. Région du Sud-Est : Lapalisse, à Saint-Prix !, Laprugne, bords de la Besbre !, bois d'Assise !, Ferrières !.

— **silvaticum** L. — Bois de Saint-Marien ! — Bellenaves, forêt des Colettes !, bois de Veauce ! — Bois de Breuilly près Cesset ! — Laprugne, à la grande Boule ! — Bois de Château-sur-Cher et de Saint-Maurice !.

Var. *nigricans*. — Anthodes noirâtres, sommet du Montoncel !, bois d'Assise !.

Filago spathulata Presl. — Saint-Amand ! La Chapelle-Saint-Ursin ! — Vicq, plaine de Naves !.

— **lutescens** Jord. — Moulins, à Seganges ! — Gannat, aux Sagnes ! — Trevol !.

— **gallica** L. — Le Cluzeau d'Audes ! — Urçay ! — Gannat, à Sainte-Procule !, calcaires du Vernet !. — Moulins, à Izeure !.

— **montana** L., forme *minima* L. — Saint-Marien, au Bateau du Mas !, Chambon, rochers de la Voueize !.

Doronicum austriacum Jacq. — Budelière-Chambon, bords de la Tardes ! — Région du Sud-Est : versants du Montoncel, cascades de la Besbre près des scieries ! fontaine de Credogne ! ; bois d'Assise ! — A. C.

Var. *uniflorum*. — Tige uniflore, croît avec le type.

Senecio viscosus L. — Saint-Bonnet-de-Rochefort ! — Gannat, au Montlibre ! — Région du Sud-Est : Lapalisse à Saint-Prix !, Mayet-de-Montagne, route de Laprugne !, Ferrières, Molles, l'Ardoisière, sur les schistes du Carbonifère ! — Urçay !.

— **silvaticus** L. — Montluçon !, Commentry, bois Martenot !, Bellaigue près de Marcillat ! — Gannat, bords de la Sioule ! ; Vicq, bois de Veauce ! ; forêt des Colettes ! — Evaux, Chambon, bords de la Tardes ! — Lavaud-Franche près de Montebras ! — Région du Sud-Est : Laprugne, bords de la Besbre !, bois d'Assise !.

— **adonidifolius** Lois. — Saint-Palais ! — Saint-Marien, rochers du Cher et de la Tardes au Bateau du Mas !. — Laprugne, bois d'Assise autour de Pierrebelle ! — Ferrières ! (*Rondet*).

Forme *atrocaulis*. — Tige d'un rouge violacé, segments des feuilles légèrement élargis. — Gannat, bords de la Sioule !.

4.

Forme *divaricatus*. Segments des feuilles moins nombreux et très divergents.— Laprugne, au Montoncel!.

— **Jacobæa** L., Bor.— Montluçon, vallée du Lamaron!, bois de la Brosse!— Gannat, bords de la Sioule entre la Vernue et Neuvialle!, Jenzat! Bayet! bois de Veauce! forêt des Colettes! forêt de Vacheresse!— Moulins, marais de Plaisance!— Forêt de Tronçais!— Saint-Marien, Budelière-Chambon, bords de la Tardes!— Lapalisse, bords de la Besbre!. — Molles, L'Ardoisière près Cusset, bords du Sichon!.

— **nemorosus** Jord. — Vallon-en-Sully, bois des Loges!— Bellenaves dans la forêt des Colettes!— Forêt de Tronçais, triage de Montaloyer!—Montluçon, bords du Cher!— Moulins, bords de l'Allier!— Branssal, bords du Gaduet! — Bois de Veauce!— Saint-Marien!— Marcillat, bois des Champeaux!— Saint-Amand, forêt de Meillant!.

— **erucifolius** L., Bor.— Lapalisse, bords de la Besbre!—Evaux!.

— **Carioti** Gand.— Calcaires des env. de Chantelle et de St-Pourçain!—A. C.

— **aquaticus** Huds, Pér. *Cat.* p. 223.—Montluçon, prairies de Passat!, Perreguines, bords du canal!.— Trevol!, Pouzy! (*Migout*).

J'ai signalé le premier cette espèce dans le département. de l'Allier, et depuis elle a été recueillie, par mon collègue A. Migout, dans quelques localités que je viens de mentionner. Cette plante est généralement rare, même aux environs de Paris, et on la confond souvent avec les formes de l'espèce suivante.

— **barbareæfolius** Krock, Gand.—Diou, bords de la Loire! (Pér. *Communic.*). — Forêt de Soulongis! (*Moriot*). — Env. de Saint-Pourçain : Fleuriel! Loriges! (*Bourgougnon*).— Forêt des Colettes!.

Dans la forêt des Colettes près de Bellenaves, j'ai trouvé tous les passages entre cette espèce et le *S. erraticus* Bor. *Centr.* édit. 3, p. 345 qui paraît en être une forme *umbrosa*.

— **Fuchsii** Gmel., Bor. — Marcillat! (Mme *Duché*). — Bois de Fleuriel! (*Bourgougnon*).— Région des montagnes du Sud-Est! A. C.

J'ai rencontré dans le bois d'Assise une forme de cette espèce, à feuilles plus épaisses, sessiles ou presque sessiles, qui répond assez bien à la description du *Senecio Jacquinianus* Rchb. *Fl. excurs.*

Sur le sommet du Montoncel, on trouve plus rarement une forme intermédiaire entre le *S. Fuchsii* et le *S. cacaliaster.* Elle se distingue du premier par ses feuilles non atténuées en pétiole, mais sessiles et un peu décurrentes, ce caractère la rapprocherait du *S. cacaliaster,* dont elle diffère par ses feuilles lancéolées, non ovales-elliptiques élargies au milieu. Cette plante est peut-être un hybride des deux espèces, dont elle pré-sente des caractères, et qui croissent avec elle dans la même station, mais faut-il l'appeler *Fuchsio-cacaliaster* avec Lamotte *Prodr.* ou *Cacaliastero-Fuchsii*; il est assez difficile de se prononcer, quand on ne connaît pas le rôle des parents. Dans le doute et pour éviter une nomenclature barbare et malsonnante, je proposerai de donner à cette forme le nom de *S. Bletterii*, la dédiant ainsi à M. Bletterie, mon zélé correspondant de

Laprugne, qui l'a trouvée le premier dans cette région. Je l'ai recueillie cette année mieux caractérisée, mais rare, près du sommet du Montonçel au milieu du *Senecio cacaliaster* dont elle est peut-être une forme intéressante.

S. cacaliaster Lamk. — Env. de Laprugne, près du sommet du Montoncel ! (*Migout*), où il est assez abondant au bord des ruisselets de la Besbre.

Centaurea solstitialis L. — Saint-Priest-en-Murat ! — Brout-Vernet !, Loriges !, Montord !, Saulcet ! — Montluçon, à la Croix-Blanche !. — Coulandon !.

— **cyanus** L., var. *parviflora*, fleurs plus petites que celles du type, bleues, rosées ou blanches. — Champs de Saint-Priest-Laprugne ! (Alt. 800 ᵐ).

— **nemoralis** Jord., Pér. *Cat.* — Saint-Palais ! — Forêt des Colettes ! — Chantelle, bords de la Bouble ! — Bois de Branssat ! (*Moriot*). — Saint-Marien, bords de la Tardes ! — Forêt de Tronçais !.

Var. *flore albo*. — Fleurs blanches et involucre brunâtre — Bois du Vernet ! (*H. du Buysson*).

M. Lavediau m'a adressé de Rosier-Montord une forme de *Centaurea nemoralis* à fleurs blanches toutes tubuleuses, à involucre plus globuleux d'un blond pâle presque blanc, dont il n'a trouvé qu'une seule touffe. Cette plante ressemble beaucoup à celle, récoltée par Déséglise dans la forêt du Rhin-du-Bois, que je possède en herbier, et qui est étiquetée de sa main *Centaurea Deseglisei* Ripart, forme probablement inédite, et qui paraît accidentelle, puisqu'il n'a été trouvé qu'une seule touffe aussi bien dans le Cher que dans l'Allier.

Carlina vulgaris L., var. *macrantha*. — Fleurs une fois plus grandes que celles du type. — Châteauneuf-les-Bains ! (*Mᵐᵉ Vaillant*) sur nos limites.

Centrophyllum lanatum Duby. — Calcaires de Vicq ! (*Bouchard*).

Cirsium palustre Scop., var. *flore albo*. — Le Theil ! (*Chomont*). — Marais de Bellaigue ! (*Mᵐᵉ Vaillant*).

— **eriophorum** Scop. — Région du Sud-Est : Mayet-de-Montagne, Laprugne ! où il remonte jusqu'à 900ᵐ entre Saint-Priest et Pierrebelle ! ; il varie à anthodes plus petits.

— **anglicum** DC. — Le Montet, bois de Mondry ! — Commentry, prairies du bois Martenot ! — Montord ! Loriges ! près Saint-Pourçain ! — Chantelle-la-Vieille !. — Coulandon, à la Presle ! (*Rondet*).

Forme *subramosum*. — Plante robuste présentant parfois un rameau florifère latéral, feuilles lobées profondément comme celles du *C. bulbosum* avec lequel on pourrait la confondre. — Braize, tourbières des étangs Roux !

— **acaule** All. — Saint-Germain-des-Fossés, à Rez-Bourzat !, Coulandon !.

Lappa major Gærtn. — Vauvernier près de Jenzat, bords de la Sioule ! — Chantelle-le-Château, bords de la Bouble !.

Serratula tinctoria L., var. *flore albo*. — Forêt des Colettes, avec le type !.

— **monticola** Bor. *Centr.* édit. 3, p. 364. — Environs de Laprugne, sommet du Montoncel !.

Arnoseris pusilla Gærtn. — Nafour près de Saint-Victor ! — Le Thet, Lignerolles ! — Monétay ! — Le Theil ! — Champs de Braize près Urçay ! — Saint-

Marien, du côté du moulin du Bief!— Chambon, moissons de Bellechassaigne!.— Laprugne!.

Hypochæris maculata L., Pér. *Cat.* p. 224.— Bois de Branssat! (*Moriot*).

Leontodon autumnalis L.— Plante très polymorphe, commune dans la plaine et dans la montagne!.

Forme *L. montanus* Pér. *herb.*— Tiges dressées ou étalées, peu rameuses, souvent uniflores. Feuilles glabres, glaucescentes, longuement pétiolées, sinuées peu dentées, ou pennatifides à lobes peu nombreux et espacés. Fleurs d'un beau jaune doré. Ecailles de l'involucre noirâtres, un peu farineuses. Pédoncule renflé au sommet, muni de bractées espacées. Achaines brunâtres, fortement striés transversalement, aigrette sessile roussâtre, formée de poils simplement rameux.— Laprugne, bois d'Assise, landes arides, pâturages secs!.

Dans les prairies humides la plante est beaucoup plus robuste, tige bien plus longue que les feuilles et pouvant atteindre 5-7 décimètres, portant latéralement 2-3 rameaux allongés, terminés par une fleur d'un beau jaune. Feuilles radicales glabres, lancéolées, plus étroites, presque entières, à dents peu nombreuses et éparses, atténuées en un long pétiole.—Tourbières du Montoncel et du bois d'Assise!.

— **hastilis** L.— Forêt des Colettes entre Bellenaves et Echassière!.— Laprugne, prairies entre Beaulouis et Chez-Pion!.

Var. *palustris.*— Forme des marais, tige atteignant 7-8 décim. dépassant beaucoup les feuilles, oblongues, allongées, obtuses, sinuées, peu dentées. Anthodes assez gros, fleurs d'un beau jaune.— Forêt des Colettes!.

Tragopogon major Jacq.— Gannat, entre le Montlibre et la Bâtisse!— Verneuil! (*Lailloux*)— Chambon, bords de la Voueize!.

Scorzonera humilis L.— Forêt de Château-Charles!— Commentry, bois Martenot!, fontaine d'Argentières!, tourbières des environs de Braize!—Le Montet, bois de Mondry!— Bois de Broût-Vernet!—Laprugne, prairies du Saint-Vincent, de la Besbre sur les versants du Montoncel! et dans le bois d'Assise!.— Le Theil!.

— **hispanica** L.— Naturalisé sur les anciens remparts du fossé de la Cave, à Montluçon!.

Picris hieracioides L.— Montluçon!, Commentry!, Murat!, Bellaigue près Marcillat!—Grandfond et les Chanets! L'Etelon!.— Env. de Gannat et de Saint-Pourçain : Louchy-Montfaud! Branssat! Chassignet!.— A. C.

— **arvalis** Jord.— Montluçon, à l'Abbaye!, Lavaud-Sainte-Anne!— Ferrières, sur les schistes du Carbonifère!— Région des montagnes.

Lactuca virosa L.— Gannat!; Saint-Pourçain, Cesset! (*Bourgougnon*).

— **dubia** Jord.— Montluçon, alluvions du Cher!.

— **saligna** L., var. *cyanantha* Bor.— Moulins! (*H. Gay*).

Crepis taraxacifolia Thuill.— Marcillat! Bellaigue!— Gannat, calcaires du Montlibre!, le Vernet!— Env. de Saint-Pourçain : Puy-de-Breu! Contigny! Branssat!— Saint-Amand, calcaires infraliasiques!.

C. foetida L.—Moulins, bords de l'Allier !— Montluçon, bords du Cher !—
Gannat, calcaires du Montlibre ! et entre Etroussat, Fourilles et Ussel !.

— **paludosa** Mœnch. — Laprugne, prairies du Point-du-Jour !, bords des
ruisselets de la Besbre près de sa source au Montoncel!, tourbières du
bois d'Assise !.

Prenanthes muralis L.— Châteauneuf-les-Bains, sur les bords de la Sioule !
(*M*ⁱˡᵉ *Foulhouze*). — Saint-Marien, Evaux, Budelière-Chambon, bords de la
Tardes !— Bellaigue près de Marcillat ! (*Mᵐᵉ Vaillant*).—Chantelle, bords
de la Bouble !— Forêt des Colettes !, bois de Veauce !— Forêt de Soulongis ! *(Moriot).*—Laprugne, Bois noirs au bord de la Besbre !.— Forêt
de Messarges près Souvigny ! *(H. Gay).*

— **purpurea** L.— Bords de la route de Montluçon à Clermont, dans le bois,
descente Saint-Menat (Puy-de-Dôme) à 2 kil. de la lisière du département
de l'Allier, (*L. de Lambertye, Bull. Soc. d'emul. de l'Allier* t. X., p. 39
1867). — Laprugne, bords de la Besbre dans les Bois noirs, près des
scieries!; bois d'Assise route de Pierrebelle ! (*Bletterie*) ; Le Montoncel !
(*Lasnier*). — Bellenaves, forêt des Colettes !.

Mulgedium Plumieri DC.—Laprugne, bois de la Madeleine, (*Migout Addit.*
p. 59), sur les rochers de porphyre noir de la route de Pierrebelle !
(*Bletterie*), où il était abondant et encore en fleur le 5 septembre 1886.—
Ferrières, à Robin *(Rondet).*

Andryala integrifolia L.— Saint-Marien ! Chambon !— Ferrières, schistes du
Carbonifère !.

Campanulacées.

Jasione perennis Lamk.— Env. de Gannat, rochers des bords de l'Andelot,
à Sainte-Procule !; bords de la Sioule à Neuvialle !.— Laprugne, pelouses
des bords de la Besbre, dans les Bois noirs, entre Beaulouis et Chez-Pion !.

— **major** Pér.— Rochers de micaschiste dans le bois de Veauce !.

— **monticola** Pér.— Pelouses des montagnes, en montant au Montoncel !,
et autour de Laprugne.

Phyteuma spicatum L.— Moulins, forêt de Moladier !— Besson !— Commen-
try, bois Marienot ! — Hérisson, bois du château de la Roche ! — Forêt de
La Chapelaude ! — Saint-Marien, bords de la Tardes ! — Env. de Gannat,
Jenzat ! Broût-Vernet !; bois de Veauce !.

Forme *cæruleum.* — Branssat, bords du Gaduet !; bords de la Bouble
entre Chareil et Chantelle ! *(H. Gay)*, bois de Breuilly près Cessel !
(*Bourgougnon*).

Campanula glomerata L., (*Grex*).— Bords du Cher, à Saint-Genest près de
Lignerolles ! — Huriel, bords de la Maggieure ! — Saint-Marien, au Bateau
du Mas ! — Urçay ! — Env. de Gannat, à la Bâtisse ! Montlibre !, bords de la
Sioule entre Rouzat et les Oies!; Charroux !, bois du Vernet !, calcaires
entre Ussel, Etroussat et Fourilles ! — Branssat, rochers des bords du
Gaduet.— Saint-Priest-en-Murat ! (*H. Gay*).

Forme *elliptica* Bor.— Montluçon, vallée du Lamaron, entre Sainte-Hélène et Chamblet-Néris !.

— **persicifolia** L.— Env. de Lignerolles, bois de la Garde !, taillis au-dessous du Breuil !— Urçay !— Saint-Florent, bois de la tour du Beau !— Gannat, bois de Neuvialle !, le Vernet, bords de la Sioule !— Bois de Saint-Didier !, Rosier-Chareil !, Branssat !, Ferrières, grotte des Fées !.

— **rotundifolia** L. — Région du Sud-Est : Cusset !, l'Ardoisière ! Molles ! Ferrières ! Laprugne ! Lapalisse !— Gannat ! Chantelle ! Saint-Pourçain !— Saint-Marien, au Bateau du Mas !— C.

— **linifolia** Lamk.— Région des montagnes, sommet du Montoncel ! (*Migout*); bois d'Assise entre Pierrebelle et la Loge des Gardes !.

— **patula** L. — Bellaigue ! (*Mme Vaillant*). — Souvigny ! (*Bouchard*). — Rochers du Cher, Saint-Genest et au-dessous du Breuil !— Saint-Marien, bords de la Tarde !— Gannat, bois du Vernet !, bois de Veauce !— Molles et l'Ardoisière ! près de Cusset. — Saint-Priest-en-Murat ! (*H. Gay*).

— **Trachelium** L.— Le Vilhain, forêt de Soulongis (*Moriot*).— Gannat, forêt de Giverzat !, forêt des Colettes !— Saint-Marien, bords de la Tarde !, Evaux !.— Valignat ! (*Bouchard*)— Bellaigue ! (*Mme Vaillant*).

Wahlenbergia hederacea Rechb. — Gennetines ! (*H. Gay*). — Bellenaves, forêt des Colettes !— Région des montagnes du Sud-Est : Lapalisse, marais de Rosières !— Laprugne, prairies marécageuses et tourbières !, où cette espèce est très commune et remonte jusqu'à 1,200 mètres, au bois d'Assise et au Montoncel !— Ferrières, à Galisand (*Rondet*).

Ericacées.

Calluna vulgaris Salisb.; *flore albo.*— Forêt de Tronçais ! — Bois de Veauce ! — Mayet-de-Montagne ! Laprugne, bois d'Assise !.

Erica cinerea L.— La Chapelaude, forêt Dubreuil !— Forêt de Tronçais !.— Bellenaves, forêt des Colettes !.— Bois de Veauce !— Forêt de Meillant !.

Var. *flore albo.*— Etang du Ris près Braize !.

— **tetralix** L.— Culan ! (*E. Duché*). — Saint-Amand, à Meillant ! — Meaulne, au Rond du Bouchant, dans la forêt de Tronçais !. — La Chapelaude, forêt Dubreuil ! (*Dujon*). — Etang du Rivallet près de Lapeyrouse ! (*Bourgougnon*). — Lavaud-Franche au-dessous des Pierres-Jhomâtres !. — Lurcy-Lévy !; Aurouer ! (*H. Gay*).

Var. *flore albo.* — Braize, étang du Ris ! — forêt de Tronçais, vers la Maillerie !— Pomay (*Rondet*).

Andromeda polifolia L.— Laprugne, plateau tourbeux à l'Ouest du Montoncel, versant de la Guillermie ! (*Renoux*). — Bois d'Assise, tourbières entre la Chapelle et la Loge des Gardes !.

Pyrolacées.

Pyrola minor L.— Tourbières des ruisselets de la Besbre près du sommet du Montoncel !.

Monotropacées.

Monotropa Hypopithys L. — Laprugne, bois de la Côte! (*Bletterie*). — Forêt de Moladier !, près de la grande ligne, et taillis des Perraults *(Rondet)*.

Lentibulariées.

Utricularia minor L. — Tourbières de Rosier-Montord! *(Lavediau)*.

Primulacées.

Hottonia palustris L. — Env. de Saint-Pourçain, la Sioule près du moulin de Champagne! (*Lavediau*). — Contigny, mares des bords de la Sioule! — Coulandon à la Grange (*Rondet*).

Primula elatior Jacq. — Saint-Marien, au Bâteau du Mas, bords de la Tardes! — Besson, forêt de Moladier! et à la Pierre-Folle! *(Moriot)*. — Le Theil! *(Chomont)*. — Forêt de Messarges! (*Bouchard*). — Branssat, bords du Gaduet! — Bois de Giverzat! — Ferrières, Arronnes, bords du Sichon!; Saint-Germain-des-Fossés (*Rondet*).

Lysimachia nummularia L. — Forêt de Vacheresse! (*Moriot*). — Gannat, la Sioule à Rouzat!, les Duriers!, Jenzat! — Branssat bords du Gaduet! — Moulins! — Huriel!, Passat!, Murat près Chavenon!, Souvigny!.

— **vulgaris** L., forme *verticillata*. — Montluçon, dans la vallée du Lamaron! — Branssat, affluent du Gaduet! Chantelle, bords de la Bouble!. — Laprugne, bois d'Assise au-dessous de la Chapelle! (1,100 m.).

— **nemorum** L. — Commentry! — Bellenaves, forêt des Colettes!. — Budelière-Chambon, bords de la Tardes, au Châtelet! — Région du Sud-Est : Ferrières bords du Sichon!, Laprugne bords de la Besbre!, où cette espèce atteint presque le sommet du Montoncel!.

Samolus valerandi L. — Prairie des floux près de Montord! (*Bourgougnon*).

Anagallis cærulea Schreb., Bor. — Saint-Amand! Saint-Florent! La Chapelle-Saint-Ursin! — Champs d'Etroussat!. — Calcaires.

Anagallis tenella L., Pér. *Cat.* p. 120. — Env. de Montluçon! Chavenon! Montmarault ; Trevol, Saint-Désiré! Culan, le Châtelet, Saulzais, Sancoins! (Bor. *Fl. Centr.* édit. 1, p. 375). — Audes! Chazemais! Argenti! Chamblet! Bizeneuille! Frontenat au signal de Laage! Cérilly, forêt de Tronçais!, tourbières de Braize! — Env. de Moulins : Bressolles, Avermes!, pré de la Cave!. — Env. du Montet : Deux-Chaises, Tronget! — Le Donjon, Saint-Priest-en-Murat! (*H. Gay*), Saint-Germain-des-Fossés, Monétay-sur-Allier, Montaigut-le-Blin (Migout *Addit.* p. 64), Besson, Bresnay (*L. Allard*). — Echassières, Lapalisse, Ferrières, Laprugne! Mayet-de-Montagne! (Boreau *l. c.*). — Evaux, Lavaud-Franche! (Creuse). — Marcillat!.

Gentianées.

Erythræa pulchella Fries. — Bellenaves! (herb. Gay). — Montord! (*Lailloux*).

Cicendia pusilla Griseb. — Brandes du Cluzeau d'Audes près de Nassigny!.

Menyanthes heterophylla Nob. — *M. trifoliata* forme *heterophylla* Pér. in-
herb. — Tige haute de 6-15 centim. — Feuilles glabres, de deux sortes,
simples ou composées, toutes obscurément crénelées. Feuilles simples (rares),
formées d'un limbe unique ovale, les composées à trois folioles *pétiolulées*,
les unes à limbe médian ovale élargi, 20 millim. long. sur 7 millim. larg.,
les latéraux plus étroits ; les autres à trois folioles presque semblables,
elliptiques-oblongues, atténuées aux deux extrémités, subobtuses au sommet et rétrécies à la base en un pétiole court, folioles ayant 37 millim.
long. sur 19.20 millim. larg. Nervures secondaires (partant de la nervure
primaire des folioles) se ramifiant et s'anastomosant en un réseau étroit,
très serré, à nervilles divariquées souvent à angle droit. Pétioles grêles,
glabres ou à peu près, étalés-redressés et dilatés à la base en une gaîne
assez large, embrassante et subnerviée. Fleurs blanches ou rosées. Plante
sphagnicole.

Habitat. — Environs de Laprugne (Allier) dans les tourbières du bois
d'Assise ! (1,100 m.).

Cette forme croît au milieu des *Sphagnum*, elle diffère de *M. trifoliata*
par ses feuilles dissemblables, à folioles pétiolulées et nerviées différem-
ment, car les nervures du *M. trifoliata* de Montluçon, que je cultive dans
un bassin de mon jardin, montrent toujours un réseau très lâche et n'of-
frant pas l'aspect de celui que j'ai décrit pour mon *M. heterophylla*.

Gentiana lutea L. — Environs d'Auzances (*Creuse*), Dontreix ! La Vernède
près Mérinchal ! — *Puy-de-Dôme* : Pionsat bois de Saint-Julien !.

— **Pneumonanthe** L. — Aurouer (*H. Gay* herb. !) — Bellaigue, prairie de Chau-
vatier ! (*Mme Vaillant*) sur nos limites. — Région du Sud-Est : Laprugne,
(*Bletterie*), près de la ferme du Point-du-Jour ! — Bois d'Assise autour
de Pierrebelle (1,100 m.) ; prairies entre Beaulouis et le Saint-Vincent
à gauche de la route de Ferrières ! — C.

— **campestris** L., Pér. *Mat. Fl. bourb.* — Laprugne, aux Sacs près de la
route du Mayet !, bois d'Assise près des ruines de la Chapelle ! *(Bletterie).*

Dans le département de la Creuse et dans la région Sud-Est, route de
Laprugne à Ferrières, on rencontre assez fréquemment l'*Ilex Aquifolium* L.
avec des feuilles inermes, mais le même pied présente souvent des
feuilles épineuses et inermes.

Asclépiadées.

Vincetoxicum officinale Mœnch. — Cusset, à l'Ardoisière ! — Chambon, bords
de la Voueize ! — Chantelle-le-Château, bords de la Bouble ! — Rosier-
Montord ! *(Lavediau).* — Bellenaves ! *(Reverzy herb.* Gay).

Borraginées.

Anchusa italica Retz. — Calcaires du Nord-Ouest : Saint-Amand, champs
entre Orval et Bouzais ! — Saint-Florent ! La Chapelle-Saint-Ursin ! sur nos
limites. — Vicq, château de Veauce ! — Souvigny ! *(Bouchard).* — Coulandon, à la Presle ! *(Rondet).*

Symphytum officinale L.—Contigny, bords de la Sioule près de La Chaise !
— Souvigny, bords de la Queune ! — Sainte-Radegonde ! — Villeneuve,
Aubigny (*Rondet*).

Lithospermum purpureo-cæruleum L. — Branssat, aux Millers !.— Souvigny,
à la Fontenelle (*Bouchard*).

— **officinale L.**— Env. de Montluçon, vignes de Désertines et Marmignolles !
— Env. de Vallon-en-Sully ! Les Chanets ! Urçay ! Beaumont ! La Cha-
pelle-Saint-Ursin ! sur nos limites. — Environs de Gannat, champs du
Vernet !, calcaires entre Etroussat, Ussel et Fourilles ! — Env. de Saint-
Pourçain, bords de la Sioule, Puy-de-Breu ! Contigny !. — Vicq !.

Pulmonaria affinis Jord.— Commentry, bois Martenot ! — Bords de la Bouble,
à Fourilles ! (*Bourgougnon*), Etroussat, Saint-Pourçain ! *(H. Gay)*.

— **saccharata Mill., Bor.**— Saint-Marien, au Bateau du Mas ! Budelière-
Chambon, au Châtelet ! — Chareil-Cintrat !. — Branssat, bords du Gaduet !.

— **tuberosa Schrank.** — Chamblet, bois de Bellechassaigne ! — Chazemais !
Huriel ! — Branssat ! — Brugheas, forêt de Randan ! — Forêt de Tronçais !
— Saint-Marien, au Bateau du Mas !; Chambon, bords de la Voueize !.

Myosotis lingulata Lehm.— Moulins ! Izeure !.

— **strigulosa Rechb.**— Bords de la Sioule ! — Laprugne, bois d'Assise !.

— **stricta Link.**— Contigny ! (*Chomont* sec. Pér. *Mat. Fl. bourb.* p. 41),
près de l'embouchure de la Sioule ! — A. C.

— **silvatica Hoffm.**— Montluçon, bois de la Brosse !, Désertines ! Bizeneuille !
— Vicq, dans le bois de Veauce ! — Laprugne, bois d'Assise ! — Budelière-
Chambon, bois du Châtelet, au bord de la Tardes !.

    Forme *parviflora*.— Branssat, bords du Gaduet ! — Fleurs plus petites,
tube de la corolle plus court que les sépales du calice.

Echinospermum Lappula Lehm.— Montluçon, vignes des Iles et du Thet ! —
La Chapelaude ! — Jenzat !.-- Saint-Germain-des-Fossés *(Rondet)*.

Cynoglossum pictum Ait.— Calcaires d'Ussel ! (*Bourgougnon* et *Berthoumieu*).
— Charroux ! — Env. de Gannat, à la Bâtisse ! et route de Mazerier !.—
Bellenaves ! (*H. Gay*).

Echium Wierzbickii Bor.— Env. de Saint-Pourçain, Fourilles, Montord !.

Solanées.

Physalis Alkekengi L.—Vignes de Vicq et de Veauce ! — Souvigny ! (*Bouchard*).
— Saint-Germain-des-Fossés, Billy, Saint-Félix (*Rondet*) !.

Hyoscyamus niger L.— Urçay ! — Contigny ! — Saint-Marien, bords du Cher
près du moulin du Bief!. — Ainay-le-Château ! — Souvigny à la Vernelle !
(*Bouchard*).

Verbascées.

Verbascum nigrum L. — Région du Sud-Est : Laprugne, Saint-Priest ! où il
remonte jusqu'à 900 mètres.

— **Schiedeanum Koch, Bor.** — *V. nigro-Lychnitis* Schiede.— Chambon, bords
de la Voueize !.

V. mixtum Ram. — *V. nigro-floccosum* Koch. — Chantelle, bords de la Bouble!.
— **virgatum** With. — Montord près Saint-Pourçain! (*Lailloux*).
— **album** Mœnch. — Saint-Marien, au Bateau du Mas! — Bois de Veauce! — Chamblet-Néris! Commentry!.

Scrofulariées.

Linaria Cymbalaria Mill. — Château de Murat! (*Dujon*) — Chantelle, vieux murs! — Bourbon-Lancy! (*Avisard*) sur nos limites. — Souvigny! *(Bouchard)*.
— **arvensis** Desf. — Env. de Saint-Pourçain, Cesset et Rachalier! (*Bourgougnon*).
— **supina** Desf. — Champs de La Chapelle-Saint-Ursin! sur nos limites.
— **Pelisseriana** DC. — Montluçon, vallée du Lamaron! (*P. Pestre*).
Gratiola officinalis L. — Beaulon, au Meuble! *(Avisard)*. — Chantelle, bords de la Bouble! — La Chapelle-Saint-Ursin! sur nos limites.
Lindernia pyxidaria All. — Etang de Messarges! (*H. Gay*), Monétay-sur-Allier! (*Lailloux*).
Digitalis purpurea L. — Montluçon et environs!, C. dans le granit, manque dans le calcaire. — Env. de Gannat!, bois de Saint-Didier!, bois de Veauce! — Région du Sud-Est : Laprugne, bords de la Besbre!; bords du Sichon!. — Région du Sud-Ouest : Budelière-Chambon, bords de la Tardes au Châtelet!; Aubusson (Creuse), bois de la Madeleine!. — Espèce commune dans les terrains siliceux, absente ou rare dans la région des calcaires jurassiques et tertiaires.

    Var. *flore roseo.* — Budelière, bords de la Tardes!.
— **purpurascens** Roth. — Env. de Chantelle, Monestier! (*Bourgougnon*). — Cusset, à l'Ardoisière!.
Veronica Bastardi Bor. — Montluçon, plateau de l'Abbaye! — Prairies entre Pasquis et la Dure!. — Urçay!.
— **Teucrium** L. — Ainay-le-Château! — Souvigny! — Env. de Saint-Pourçain, Puy-de-Breu! Contigny, à l'embouchure de la Sioule!, carrières de Saulcet! La Roche-Branssat! Montfand!.
— **montana** L. — Laprugne, les Bois noirs, bords de la Besbre, en montant au Montoncel!. — Env. de Chantelle, Monestier, bords de la Bouble! *(Bourgougnon)*.
— **intermedia** Lej. sec. Bor. — Budelière-Chambon, coteaux entre la gare et le Châtelet! — Commentry!.
— **officinalis** L. — Montluçon, bois de la Brosse!, Commentry! Brandes du Mont et de la Châtre! Huriel! C. — Gannat, bois de Veauce! — Saint-Pourçain, pelouses de Rosier-Montord!, Bayet, bois de Saint-Didier! — Bellenaves, forêt des Colettes! — Laprugne, dans les grandes Narses! — Besson, forêt de Moladier! — Le Montet, bois de Mondry! — Urçay, la Sapinière! Forêt de Tronçais! — Bizeneuille, forêt de l'Espinasse! — A. C.
— **acinifolia** L. — Champs de La Chaise près de l'embouchure de la Sioule!, Chareil!, Saint-Didier, Cesset, Fleuriel (*Bourgougnon*).

— **Anagallis** L. — Montluçon, bords du Cher et du canal !, vallée du ruisseau de Néris ! Huriel ! Lignerolles au-dessous du Breuil ! L'Etelon ! — Env. de Saint-Pourçain, Bayet ! boires de Contigny !. — Gannat, à Mazerier ! — Saint-Marien, au Bateau du Mas ! — Saint-Amand, étang d'Orval ! — A.C.

Euphrasia officinalis L. — Laprugne, prairies de la vallée de la Besbre !.

— **ericetorum** Jord. — Laprugne !. — Forêt de Vacheresse ! (*Moriot*).

— **rigidula** Jord. — Laprugne, vallée de la Besbre ! — Saint-Marien, au Bateau du Mas !. — Forêt de Tronçais ! — Saint-Amand, forêt de Meillant !.

Rhinanthus minor Ehrh. — Bellaigue près Marcillat ! — Région du Sud-Est : bois d'Assise, prairies du Sapet !.

— **hirsutus** Lamk. — Désertines près Montluçon ! — Laprugne, moissons près du village Charrier !.

Pedicularis palustris L. — Lavaud-Franche, tourbières au-dessous des Pierres-Jhomâtres ! — Braize, étangs tourbeux du Ris, tourbières des étangs Roux !. — Lapalisse, étang de Rosières !.

Melampyrum cristatum L. — Env. d'Urçay, talus du chemin de fer à Beuvron !. — La Chapelle-Saint-Ursin ! sur nos limites.

— **arvense** L. — Commun sur les talus du chemin de fer entre Urçay, Ainay-le-Vieil et Saint-Amand ! — La Chapelle-Saint-Ursin ! sur nos limites. — Gannat, à la Bâtisse !, Les Gazeriers près de Vicq ! — Branssat !.

Labiées.

Thymus Serpyllum L. var. *pilosulus* Pér. *Cat.* p. 234. — Montluçon, vallée du Lamaron ! — Désertines, gorge du Val du Diable !.

Acinos vulgaris Pers., forme *villosus*. — Gannat, au Montlibre ! Saint-Pourçain ! Saulcet ! — La Chapelle-Saint-Ursin ! sur nos limites.

Calamintha silvatica Bor. *Centr.* — Moulins ! — Gannat, bords de la Sioule, à Neuvialle ! — Le Vernet ! Bayet, au moulin Châtelus ! — Branssat, bords du Gaduet ! — Chantelle, bords de la Bouble !. — Forêt de Randan ! (*Avisard*).

— **ascendens** Jord. — Ferrières, bords du Sichon !.

Melissa officinalis L. — Laschamp d'Ahun près de Lavaveix ! (Creuse). — Aubigny, Le Colombier (*Rondet*).

Nepeta Cataria L. — Env. de Varennes, près le pont de Chazeuil ! (*Lavediau*).

Melittis grandiflora Sm. — Urçay, forêt de Tronçais ! — Gannat, bords de la Sioule entre Rouzat et les Oies !, Ebreuil ! — Saint-Pourçain, bois de Branssat ! (*Lavediau*). — Bois de Charmeil ! (*Bouchard*). — Bateau du Mâs, bois de Saint-Marien !, bords de la Tardes ! — Aubusson, bois de la Madeleine ! sur nos limites.

Lamium maculatum L. — Env. de Saint-Pourçain, bords de la Sioule au Puy-de-Breu ! — Fourilles, bords de la Bouble ! (*Bourgougnon*). — Vicq ! (*Dujon*). — Coulandon, bords de la Queune !.

Galeobdolon luteum Huds. — Saint-Sauvier ! — Vicq ! — Bézenet ! — Branssat, bords du Gaduet ! — Saint-Marien !; Aubusson, bois de la Madeleine ! — Région du Sud-Est : bois d'Assise !, zone de la gentiane, au Montoncel !.

Galeopsis angustifolia Ehrh., Pér. *Mat. Flore bourb.* p. 55. — Champs de Jenzat! — Vicq!.

— **præcox** Jord. — Laprugne, bois d'Assise près de Pierrebelle! — Route du Mayet-de-Montagne à Laprugne, ruisseau de Landret! — Lapalisse, bords de la Besbre!.

— **dubia** Leers. — Gannat, à la Bâtisse! — Chantelle, bords de la Bouble! — Vallon-en-Sully! — Audes!, La Chapelaude! — Le Theil! (*Chomont*). — Région du Sud-Est, Saint-Priest-Laprugne!.

— **virgata** Timb. Lagr., Bor. — Montluçon, vignes des Iles et du Thet!.

— **tetrahit** L. — Moulins! Montluçon! Gannat! Le Vernet! Lapalisse! Laprugne! bords de la Besbre!. — G.

Stachys germanica L. — Souitte, Verneuil près de Saint-Pourçain! (*H. Gay, Lailloux*). — Saint-Florent! sur nos limites.

— **alpina** L. — Montord, ruisseau des Floux! (*Lavediau*). — Env. de Vicq, bois de Veauce! — Ferrières, bords du Sichon! — Souvigny, à la Garenne! (*Bouchard*).

— **silvatica** L. — Moulins! — Branssat, bords du Gaduet!, Verneuil! — Gannat, bords de la Sioule! Jenzat! — Budelière-Chambon, bords de la Tardes! — Le Vilhain, forêt de Soulongis! (*Moriot*). — Laprugne, bois d'Assise!, bords de la Besbre!.

— **palustris** L. — Env. de Saint-Pourçain et de Bayet! (*Lavediau*).

— **recta** L. — Urçay, à la Sapinière! — Charroux!.

Betonica nemorosa Jord. et Fourr. — Forêt de Tronçais, au Rond du Chevreuil! — Vallon-en-Sully, bois des Loges!.

— **brachystachys** Jord. — *B. Galeopsidis* Gand. — Chambon, rochers des bords de la Tardes!.

— **serotina** Host. — Bois des environs de Montluçon et de Néris!.

— **hylebia** Jord. et Fourr. — Gannat, la Sioule entre Neuvialle et Rouzat!.

— **platyphylla** Jord. et Fourr. — Forêt des Colettes près de Bellenaves!.

— **hirta** Leysser. — Bords du canal entre Vallon et Urçay! — Notre forme diffère du type par son calice hérissé seulement dans la partie inférieure.

Leonurus Cardiaca L. — Saint-Priest-en-Murat! (*H. Gay*). — Bords des chemins de Saulcet à Verneuil! (*Lavediau*). — Coulandon, aux Belins (*Rondet*).

Scutellaria minor L. — Tourbières de la forêt des Colettes! — Laprugne, bords de la Besbre!. — Lapalisse, étang de Rosières!. — Etang de Bellaigue près Marcillat! (*Mme Vaillant*). — A. C.

— **galericulata** L. forme à feuilles lancéolées, étroites, fleurs plus petites (*S. lancifolia* Pér. *herb.*). — Hérisson, bords de l'Aumance!.

Ajuga genevensis L. — Urçay, à la Sapinière! — Env. de Saint-Pourçain, Contigny, route de La Chaise!, Le Vernet!. — Bateau du Mas, bois de Saint-Marien, bords de la Tardes!.

Var. *flore albo*. — Coulandon, domaine de Cartilly (*Rondet*).

— **chamæpytys** L. — Saint-Florent! La Chapelle-Saint-Ursin! sur nos limites — Vicq! (*Dujon*). — Saint-Germain-des-Fossés, à l'hermitage (*Rondet*).

Teucrium montanum L. — Saint-Amand ! — La Chapelle-Saint-Ursin !.

— **chamædrys** L., *flore roseo*. — Gannat, à la Bâtisse !, Ebreuil !.

— **Botrys** L. — Saint-Germain-des-Fossés, à Rez-Bourzat ! (*Rondet*). — Calcaires de Naves et de Vicq ! (*Dujon*).

Brunella grandiflora Jacq. — Vicq, plateau des Perpignolles ! (*Bouchard*). — Saint-Germain-des-Fossés, à Rez-Bourzat ! (*Rondet*). — Naves ! (*Dujon*).

Orobanchacées.

Orobanche Galii Duby. — Urçay, à la Sapinière ! — Jenzat, bords de la Sioule ! — Saint-Amand, calcaires infraliasiques !.

— **minor** Sutton. — Chareil-Cintrat ! (*Bourgougnon* !) sur le trèfle cultivé.

— **amethystea** Thuill. — La Chapelle-Saint-Ursin ! sur nos limites.

— **Ulicis** Des Moulins. — Brandes de Chazemais ! (*Chomont*).

Phelipæa ramosa C. A. Mey. — Vicq ! (*Bouchard)*, Bellenaves ! (*herb.* Gay) Saint-Germain-des-Fossés, Créchy (*Rondet*).

Clandestina rectiflora Lamk. — Saint-Marien, bords du Cher, au moulin du Bief !. — Env. de Saint-Pourçain, bords de la Sioule, le Vernet ! La Chaise ! Nérignet !. — Saint-Priest-en-Murat, Trevol ! (*H. Gay*) ; Coulandon, aux Blancherets ! (*Rondet*).

Plumbaginées.

Armeria sabulosa Jord. — Saint-Pourçain, à Baruthet et aux Cordeliers ! (*H. Gay)*. — Izeure ! (*Lailloux*). — Coulandon ! (*Rondet*).

Plantaginées.

Plantago intermedia Gilib. — Laprugne, bois d'Assise ! (1,100^m).

— **Timbali** Jord., Bor. — Prairies de Bellaigue ! (*Mme Vaillant*).

— **platyphylla** Pér. *Mat. Fl. bourb.* — Branssat, aux Millers ! — Vicq !.

— **media** L. — Chantelle-le-Château ! — Branssat ! Louchy-Montfand !. — La Chapelle-Saint-Ursin ! sur nos limites !.

— **lanceolata** L., var. *microcephala*. — Laprugne, bords de la Besbre en montant au Montoncel ! — Hampe grêle avec un capitule de fleurs très petit.

Littorella lacustris L. — Souvigny, étang de Messarges ! (*H. Gay*).

Amarantacées.

Polychnemum arvense L. — Montluçon ! — Fourilles ! (*Bourgougnon*).

Phytolaccées.

Phytolacca decandra L. — Cusset, aux Grivats ! — Domérat, région des vignes !, où on l'a introduit récemment pour colorer les vins. — A cet égard MM. Guibourt et Planchon (1) s'expriment ainsi : « Le *Phytolacca decandra*, » belle plante de l'Amérique septentrionale, aujourd'hui cultivée dans les » jardins de l'Europe, purge très fortement ; le suc des fruits, d'un beau » rouge carminé, a été employé en Portugal à la coloration des vins, non » sans inconvénients pour les consommateurs, et l'usage en a été prohibé. »

(1) Histoire naturelle des drogues simples *édit.* 7, t. 2, p. 450.

Salsolacées.

Chenopodium polyspermum L.— Étang de Messarges ! (*H. Gay*).—Monétay-sur-Allier ! (*Lailloux*).

— **intermedium** Mert. et Koch. — Vicq, Sussat, les Gazeriers ! — La Chaise près Monétay !.

— **hybridum** L. — Vicq ! — Bournat près Broût-Vernet !. — Bellaigue près Marcillat ! (*Mme Vaillant*).

Le *Ch. Botrys* L. a été trouvé adventice sur les sables de l'Allier à Monétay par M. Lailloux.

Polygonées.

Rumex nemorosus Schrader, var. *sanguineus* Bor. — Bois de Bellaigue près Marcillat ! (*Mme Vaillant*).

Polygonum Bistorta L. — Laprugne, prairie de la ferme du Point-du-Jour ! ruisselets de la Besbre près du sommet du Montoncel !, bois d'Assise dans les Narses au-dessous de la Chapelle et au Sapet !. — Aubusson (Creuse) prairie de la Madeleine !.

— **minus** Huds. — Moulins !, Gennetines ! (*H. Gay*).

Thymélées.

Daphne Laureola L. — Bois des environs de Saint-Amand !— Peu C.

Thymelæa arvensis Lamk.— Chareil !, Vicq, plaine de Naves ! Souvigny aux Marchereux, Saint-Germain-des-Fossés à Chasenat (*Rondet*).

Aristolochiées.

Aristolochia Clematitis L.—Vignes de Valignat près de Vicq ! (*Bouchard et Dujon*).— Aubigny (*Rondet*).

Santalacées.

Thesium humifusum DC.—Gannat, à Sainte-Procule !—Chantelle, route de Bichepot !— Saint-Pourçain, Rosier ! Verneuil ! Branssat, aux Cabrottes ! — Vicq, plaine de Naves !— La Chapelle-Saint-Ursin ! sur nos limites.— Coulandon (*Rondet*).

Euphorbiacées.

Buxus sempervirens L.—Vicq, Sussat, les Gazeriers !— Ferrières à Orléanas !, Saint-Germain-des-Fossés (*Rondet*).

Euphorbia stricta L.— Vicq, bois de Veauce !.— Grandfond et les Chanets !. — Urçay, forêt de Tronçais !.— Gannat !— Saint-Pourçain !.

— **Gerardiana** Jacq.— La Chapelle-Saint-Ursin ! sur nos limites.

— **purpurata** Thuill., Bor.— Environs de Vicq, bois de Veauce !.

— **dulcis** L.— Bateau du Mas, bords de la Tardes !— Commentry, bois Martenot !.— Bois d'Egrepont !— Villebret, bois du Sou !.

— **verrucosa** L. — Saint-Amand, garenne d'Orval ! — Champs de Vicq ! — Branssat ! Saulcet ! Montfand !, Contigny, route de la Chaise !.—La Chapelle-Saint-Ursin ! sur nos limites.

— **hyberna** L. — Saint-Amand, forêt de Meillant ! — Forêt de Vacheresse ! (*Moriot*). — Env. de Saint-Pourçain : bois de Branssat ! bois de Fleuriel ! (*Bourgougnon*). — Le Theil, bois du Mas !. (*H. Gay*) — Bois de Veauce !.

E. falcata L.— La Chapelle-Saint-Ursin !— Saint-Pourçain ! (*H. Gay*).

— **amygdaloides** L. — Montluçon ! C. — Moulins, forêt de Moladier !— Commentry, bois Martenot !—Bizeneuille !— Beaulon !—Forêt de Tronçais ! — Forêt de Vacheresse ! — Bois de Fleuriel et de Branssat !.— Budelière-Chambon, bois du Châtelet !— Laprugne, bois d'Assise ! (1,100^m).

Mercurialis perennis L. — Saint-Amand, garenne d'Orval ! C. — Meaulne, calcaires des Chanets ! — Ferrières, Pierre-Encise et grotte des Fées !.— Souvigny ! (*Bouchard*).

Urticées.

Parietaria diffusa M. et K.— Messarges ! (*H. Gay*).— Souvigny ! (*Bouchard*).

Ulmus major Smith. — Bois des environs de Marcillat ! (*Mme Vaillant*). —R.

Betulacées.

Betula pubescens Ehrh. — Laprugne, zone de la gentiane, près du sommet du Montoncel ! Bois d'Assise, autour de Pierrebelle ! (1,100^m). — A. C. avec le *B. pendula* Roth.

Salicinées.

Salix capræa L.— Laprugne, bois d'Assise autour de Pierrebelle ! (1,100 m.).

— **aurita** L., forme *paludosa*.—Tourbières des ruisselets de la Besbre près du sommet du Montoncel !.

— **purpurea** L.— Chambon, bords de la Voueize !.

Cupulifères.

Quercus pubescens Willd.— Saint-Amand, garenne d'Orval !— Bateau du Mas, bois de Saint-Marien !.

MONOCOTYLÉDONES.

Alismacées.

Alisma natans L.— Etangs des environs de Lapeyrouse ! (*Bourgougnon*).— Boires entre les Combes et Gennetines ! *(H. Gay)*.

Butomus umbellatus L.— Saint-Amand, étang d'Orval ! ; bords du canal en allant à Drevant !— Entre Contigny et Monétay-sur-Allier ! (*Lailloux*).— Aubigny, mares de l'Allier, Saint-Germain-des-Fossés ! *(Rondet)*.

Hydrocharidées.

Hydrocharis Morsus-ranæ L.— Rachalier près St-Pourçain ! (*Berthoumieu*).

Potamées.

Potamogeton polygonifolius Pourret.— Lapalisse (*Migout*) étang de Rosières !.

— **lucens** L., Pér. *Mat. Fl. bourb*. p. 74.— Canal du Berry, Saint-Amand !.

— **perfoliatus** L., Pér. *Mat. Fl. bourb.* p. 74.— Canal du Berry, St-Amand !.

— **crispus** L.— Gannat, dans l'Andelot à Sainte-Procule !— Contigny, boires de la Sioule près La Chaise !— Coulandon, Souvigny ! (*Bouchard*).

— **gramineus** L.— Contigny, boires de la Sioule près La Chaise !.

— **pusillus** L.— Beaulon ! (*Avisard*).— Bresnay ! *(Allard)*.

— **pectinatus** L.— Saint-Amand, canal du Berry ! où il est commun.

Zannichellia repens Bœnningh., Pér. *Mat. Fl. bourb.* p. 75. — Diou, Beaulon ! (*Avisard*).—Saint-Pourçain, fontaines et mares de Montord ! (*Lavediau et Lailloux*).

Lemnacées.

Lemna trisulca L.— Saint-Pourçain, boires de la Sioule, près Champagne !
(*Lavediau*).

— **polyrrhiza** L. — Saint-Pourçain, boires de la Sioule près Champagne !
(*Lavediau*).— Moulins, à la Rigolée ! (*H. Gay*).

— **gibba** L.— Saint-Pourçain, fossés de Chatet ! (*H. Gay*).

Typhacées.

Sparganium simplex Huds., forme *palustre*. Tige basse, grêle, 10-15 cent.
de hauteur. Feuilles ordinairement plus courtes que la tige, dressées étalées,
engaînantes à la base. Capitules fructifères, latéraux (1-2). Fruit souvent
pseudo-triquètre, à bec court ; caractères qui le séparent du *S. minimun*
Fries, lequel en diffère aussi par ses feuilles, longues, planes et non dila-
tées-membraneuses. Cette forme est-elle une race locale fixe ?, pour la
distinguer, je l'ai nommée en herbier *Sp. palustre*.

Habitat. Env. de Saint-Pourçain, tourbières de Rosier-Chareil !(*Lavediau*).

Dioscorées.

Tamus communis L. —   Saint-Amand, garenne d'Orval ! — Bellaigue !
(*Mme Vaillant*).— Chantelle, bords de la Bouble ! — Ebreuil ! *(H. Gay)*.—
Saint-Florent, route de Villeneuve !.

Var. *obtusifolius*. — Forme intéressante qui diffère par ses feuilles
obtuses et non acuminées comme celles du type. — Bellenaves, forêt des
Colettes !.

Orchidées.

Anacamptis pyramidalis Rich.— Saint-Amand, chemin du canal, en allant à
Drevant !— Saint-Florent, bois de la tour du Beau !.

Aceras antropophora R. Br. — Saint-Pourçain, bois de Chatet ! (*H. Gay*).
Chareil-Cintrat ! (*Bourgougnon*).— Env. de Cusset, Creuzier-le-Vieux !.

— **hircina** Lindl.— Fleuriel, Chareil-Cintrat ! (*Bourgougnon*). — Coulandon !.

Orchis ustulata L. — Marcillat !— Urçay, à la Sapinière !— La Chapelaude !—
Vicq, aux Gazeriers !.

— **purpurea** Huds., *O. fusca* Jacq.— Saint-Pourçain, au Puy-de-Breu !.

— **incarnata** L., Bor. *Centr.* édit. 3, p. 645.— Braize ! étangs Roux ! RR.

J'avais rencontré le 4 juillet 1860 un pied de cette espèce dans les tourbières de l'étang de Pouveux, aujourd'hui malheureusement presque assai-
nies. J'ai retrouvé l'an dernier cette espèce, dans les prairies des étangs
Roux que l'on essaie aussi de déssécher, mais les vastes tourbières, très
profondes, de cette région résisteront longtemps aux efforts d'assainissement ; et je doute même du résultat pour la plus grande partie de ce
terrain. Néanmoins l'*Orchis incarnata* était assez abondant et en fleur
le 21 juin 1885.

— **mascula** L. — Montluçon, vallée du Lamaron !— Marcillat !— Bateau du
Mas, bois de Saint-Marien !.

Variété à fleurs blanches.— Branssat ! (*H. Gay*).— R.

— **laxiflora** Lamk.— Env. de Saint-Pourçain, Cesset, Loriges ! (*Bourgougnon*).
— Lurcy-Lévy !— Prés entre Avermes et Trevol ! (*H. Gay*). — Marcillat !.

Ophrys muscifera Huds. — Saint-Pourçain, calcaires des bords de la Sioule,
à Bréu ! — Peu C.

— **apifera** Huds. — Env. de Saint-Pourçain, Cesset aux Trequins !, Chareil-
Cintrat ! (*Bourgougnon*) ; Puy-de-Breu !. — Vendat ! — Saint-Florent !
La Chapelle-Saint-Ursin ! sur nos limites.

— **arachnites** Reich. — Louchy-Monfand ! (*H. Gay*). — Creuzier-le-Vieux
près de Cusset ! — Saint-Amand, garenne d'Orval !.

Gymnadenia conopea R. Br. — Forêt de Tronçais entre le ravin de la Bouteille et le Montais ! — Saint-Amand, garenne d'Orval !, La Chapelle-Saint-
Ursin !. — Laprugne, Narses du bois d'Assise ! (1,100m).

Platanthera bifolia Rich. — Là Chapelle-Saint-Ursin !, Saint-Amand, garenne
d'Orval ! — Forêt de Tronçais, triage de Montaloyer !, ravin de la Bouteille
près du Montais ! ; Braize, prairies de la Commanderie ! — Lavaud-Franche,
brandes des Pierres Jhomâtres !.

Epipactis latifolia All. — Forêt de Vacheresse ! *(Moriot)*. — Garenne d'Orval !.
— **microphylla** Swartz. — Bois des environs de Saint-Amand ! — RR.

Cephalanthera ensifolia Rich. — Bois de Chareil-Cintrat ! (*Bourgougnon*). — R.

Listera ovata R. Br. — Saint-Amand, garenne d'Orval ! — Commentry, bois
de la Folie !. — Bois du Vernet près Broût ! (*H. du Buysson*). — Target,
bords de la Bouble ! (*Bourgougnon*). — Saint-Pourçain, bords de la Sioule !
(*H. Gay*). — Ferrières, à la Moussière ! (*Rondet*).

Spiranthes autumnalis Rich. — Les Gazeriers près de Veauce ! — Le Veurdre !
(*Bouchard*).

Limodorum abortivum Swartz. — Saint-Amand, garenne d'Orval ! — Bois de
Saint-Florent ! sur nos limites. — R.

Iridées.

Iris acoriformis Bor. *Fl. Centr.* édit. 3, p. 635. — Bellaigue près Marcillat,
bassin des Moines, et bords du Boron ! (*Mme Vaillant*). — RR.

Cette espèce rare, que je cherche depuis longtemps dans le Bourbonnais,
se distingue à priori de l'*Iris pseudacorus* L., par ses feuilles lancéolées
ensiformes étroites, et par ses fleurs d'un beau jaune, dont les pétales petits
sont subitement *rétrécis* au-dessous du limbe spatulé.

Colchicacées.

Colchicum autumnale L. — Branssat ! — Vicq et Veauce ! — Laprugne, bords
de la Besbre ! — Lurcy-Lévy ! — Moulins, à Egrepont ! *(Avisard)*.

Veratrum album L. — Laprugne, bords de la Besbre près du moulin de Saint-
Priest ! (*Bletteris*). — R.

Amaryllidées.

Narcissus Pseudo-Narcissus L. — Brugheas, forêt de Randan ! (*Badiou fils*).
— Villebret, bois du Tigoulet ! — Bois entre Neuvy et Coulandon ! (*herb.* Gay).

Asparagées.

Paris quadrifolia L. — Laprugne, bois d'Assise ! — Ferrières, grotte des Fées,
au bord du Sichon !. — Chantelle, forêt de Giverzat !, Chareil-Cintrat, bois
de la Rivière ! (*Bourgougnon*).   6.

Polygonatum vulgare Desf. — Bellenaves, forêt des Colettes ! — Chantelle, bords de la Bouble ! — Branssat, bords du Gaduet ! — Forêt de Meladier ! (*Moriot*).

— **multiflorum** All. — Commentry, bois de la Folie ! — Cluzeau-d'Audes, bois du Délat ! — Marcillat, bois des Champeaux ! — Bateau du Mas, bois de Saint-Marien ! — Souvigny ! (*Bouchard*) ! — Trevol ! (*H. Gay*). — C.

Convallaria Majalis L. — Bellenaves, forêt des Colettes ! — Commentry, bois Martenot et de la Folie ! — Forêt de Vacheresse ! (*Moriot*). — Laprugne, bois d'Assise ! — Saint-Pourçain, bois de Villène ! (*H. Gay*).

Ruscus aculeatus L. — Env. de Montluçon, ravin entre la Châtre et Verneix !. Neuville près Culan ! (*Danthon fils*). — Forêt de Tronçais, ravin de la Bouteille ! — Le Vilhain, forêt de Soulongis ! (*Moriot*). — Marcillat !.

Liliacées.

Érythronium dens-canis L. — Aubusson (Creuse), clairières du bois de la Madeleine ! sur nos limites.

Phalangium Liliago Schreb. — Aubusson, clairières du bois de la Madeleine ! — Chantelle, rochers de la Bouble ! (*H. Gay*).

Lilium Martagon L. — Aubusson, dans les bois de la Madeleine !.

Narthécium ossifragum Huds. — Env. de Braize, tourbières de Pouveux ! (1885) en voie d'assainissement. — La localité du Ris existe toujours, et la plante y persistera, mais elle disparait des prairies marécageuses de la Commanderie, que l'on essaie de dessécher.

Endymion nutans Dumortier. — Villebret, bois du Sou ! (*Murat*). — Saint-Sauvier ! (*Pejaudier*), bords de l'Arnon. — Beaumont près Urçay ! Saint-Bonnet-le-Désert !, forêt de Tronçais, près de Le Brethon ! — Chambon, bords de la Voueize ! Bateau du Mas, bois de Saint-Marien ! — St-Amand !.

Scilla bifolia L. — Brugheas, forêt de Randan ! (*Badiou fils*). — Bellenaves, bords de la Bouble !. — Chambon, bords de la Voueize !, Anbusson, bois de la Madeleine !.

— **Lilio-Hyacinthus** L. — Saint-Marien, rive droite de la Tardes ! — Pierre-Encise, la Pommerie près Ferrières (*Rondet*).

Muscari comosum Mill. var. *albiflorum*, fleurs blanches. — Urçay, vignes le long du chemin de fer. — R.

Ornithogalum angustifolium Bor. — Saint-Pourçain, champs de Breu ! — Contigny, bords de la Sioule près de La Chaise ! — Env. de Chantelle, moissons de Fourilles ! (*Bourgougnon*).

— **sulfureum** Rœm. et Sch. — Saint-Florent, bois de la tour du Beau ! ; Saint-Amand, garenne d'Orval ! C. — Dun-sur-Auron !. — Coulandon, à la Presle !, Souvigny à Saint-Eloy ! (*Bouchard*).

Allium sphærocephalum L. — Gannat, moissons de Vicq !.

— **Deseglisei** Bor., *Fl. centr.* p. 629. — *A. sphærocephalum* forme *macrocephalum*. — Gannat, bords de la Sioule, entre Neuvialle et Rouzat ! — R.

Le capitule de fleurs de cette belle plante peut atteindre 4-6 centim. de large sur 4-5 centim. de hauteur. — J'ai recueilli également dans les champs d'Etroussat un *Allium* qui est très voisin de l'*A. paniculatum* L.

A. terabum L.—Env. de Bellenaves; bords de la Bouble, au moulin de Boit!
(Biastre).— Branssat, bords du Gaduet!— Ravin de Chantelle, bords de la
Bouble! (H. Gay). — Forêt de Tronçais, ravin de la Bouteille! — Cusset à
l'Ardoisière! — Ferrières, bois de la Moussière (Rondet).

Joncées.

Juncus squarrosus L. — Lapeyrouse, étang du Rivallet! (Bourgougnon). —
Laprugne, tourbières des bords de la Besbre, jusque près du sommet du
Montoncel! C. — Tourbières du bois d'Assise entre Pierrebelle et la Loge
des Gardes!.

— supinus Mœnch. — Chazemais, bois du Délat! (Chomont). — Braize, tour-
bières de étangs Roux!— Bellenaves, forêt des Colettes!— Env. de Saint-
Pourçain, Cesset!, étang du Rivallet près Lapeyrouse! (Bourgougnon). —
Laprugne, tourbières des bords de la Besbre jusque près du sommet du
Montoncel!.

— hybridus Brot.— Lavaud-Franche, brandes humides près de Montebras!.

— lamprocarpus Ehrh. — Lavaud-Franche, près des Pierres Jhomâtres!. —
Cesset! Branssat!.

Juncus anceps Laharpe, Bor. Centr. p. 608. — Braize, tourbières des étangs
Roux!.— Région Nord-Ouest.

Luzula Forsteri DC.— Forêt de Tronçais, ravin de la Bouteille !— Bateau du
Mas, bois de Saint-Marien!— Bois de Fleuriel! (Bourgougnon).

— pilosa Willd.— Le Vilhain, forêt de Soulongis! (Moriot) — Saint-Marien,
bords de la Tardes!— Forêt des Colettes!.

— maxima DC. — La Feline!, forêt de Vacheresse! (Moriot). — Bois de
Veauce!— Forêt de Tronçais, ravin de la Bouteille!— Saint-Marien, taillis
de la rive gauche du Cher!— Ferrières, bords du Sichon!.

— multiflora Lej. — Forêt des Colettes! — Braize, tourbières des étangs
Roux! — Le Montet, bois de Mondry! — Le Cluzeau d'Audes!, bois du
Délat!, Beaulon!.

  Var. congesta Bor. — Laprugne, bois d'Assise, tourbières entre Pierrebelle et la Loge des Gardes!.

Cypéracées.

Cyperus flavescens L.— Marcillat! — Gennetines, étang de Pigaud! (H. Gay).
— Lapalisse, à Saint-Prix!.

Schœnus nigricans L. — Chavannes, en bas de la garenne de Chevrier! (Rey).
— Env. de la Chapelle-Saint-Ursin, prairie marécageuse de la mine
Boigues-Rambourg! sur nos limites.

Rhynchospora alba Whlbg. — Laprugne, bois tourbeux du Point-du-Jour!,
tourbières de la Besbre jusque près du sommet du Montoncel! C. —
Lapalisse, étang de Rosières!.

Heleocharis multicaulis Dietr.—Brandes tourbeuses près de Lavaud-Franche!.

— acicularis R. Br.— Etang de Messarges! (H. Gay).—Env. de Saint-Pourçain, boires de la Sioule près du moulin de Champagne! (Lavediau).

Scirpus setaceus L. — Montluçon, bois de la Brosse ! C. — Env. d'Audes, Le Cluzeau ! — Bois du Délat ! — Laprugne, tourbières des grandes Narses !, bords de la Besbre en montant au Montoncel ! où il s'élève jusqu'à la zone de la gentiane (1,000 ᵐ).

Var. *vivipara*. — Tourbières de la forêt des Colettes ! — R.

— **fluitans** L. — Braize, étangs Roux et du Ris ! — Lavaud-Franche, lieux tourbeux près des Pierres-Jhomâtres ! — Boires entre les Combes et Gennetines ! (*H. Gay*).

— **Tabernæmontani** Gmel. — Argentières, environs de la fontaine minérale ! — Bizeneuille !.

— **maritimus** L. — Vicq, bords de la Veauce ! (*Dujon*).

— **Michelianus** L. — Etang de Saint-Hilaire ! (*Causse*). — Etang de Messarges ! (*H. Gay*). — Contigny ! (*Lailloux*).

Eriophorum vaginatum L. — Laprugne, plateau à l'Ouest du Montoncel, versant de la Guillermie ! (*Renoux*).

— **angustifolium** L. — Bellenaves, forêt des Colettes ! — Env. de Saint-Pourçain, Chareil-Cintrat ! — Le Montet, bois de Mondry !, Deux-Chaises ! — Chazemais, bois du Délat ! — Neuilly-le-Réal ! — Lapalisse, étang de Rosières !, Laprugne, bois d'Assise, au Sapet ! — Aubusson ! (Creuse). — C·

— **latifolium** Hoppe. — Tourbières des ruisselets de la Besbre près du sommet du Montoncel ! (1.200ᵐ).

Carex pulicaris L. — Env. de Saint-Pourçain, Loriges ! (*Bourgougnon*). — Chazemais ! (*Chomont*). — Neuilly-le-Réal ! (*H. Gay*).

— **paniculata** L., forme *debilis*. — Tige très grêle, terminée par un épi peu rameux, feuilles glauques. — Braize, tourbières des étangs Roux !.

— **muricata** L. — Chambon, bords de la Voueize !.

— **remota** L. — Forêts de Vacheresse ! et de Soulongis ! (*Moriot*). — Bellenaves, forêt des Colettes !, Les Gazeriers près Vicq ! — Diou ! (*H. Gay*). — Gennetines ! (*Mᵐᵉ Vaillant* herb.).

— **acuta** L. — Saint-Amand, étang d'Orval ! — Urçay, bords du Cher ! — Contigny, bords de la Sioule près de la Chaise !.

— **stricta** Goodn. — Chambon, bords de la Voueize ! — Saint-Amand, étang d'Orval !.

— **hirta** L., forme *glabrata* Bor. — Moulins, bords de l'Allier !, Vallières !.

— **flava** L. — Neuilly-le-Réal ! (*H. Gay*). — Chazemais, bois du Délat ! — Bellenaves, forêt des Colettes ! — Laprugne, ruisselets tourbeux de la Besbre près du sommet du Montoncel ! (1,200ᵐ).

— **distans** L. — Env. de Chantelle, Fourilles ! (*Bourgougnon*).

— **lævigata** Smith. — Bellenaves, tourbières de la forêt des Colettes ! — Braize, étangs Roux ! — Laprugne, marais de la Besbre en montant au Montoncel !.

— **panicea** L. — Neuilly-le-Réal ! (*H. Gay*). — Env. de Saint-Pourçain, bois de Breuilly ! (*Lavediau*), Le Vernet ! (*H. du Buysson*), Jenzat ! — Laprugne, marais de la Besbre, au Montoncel !, bois d'Assise, au Sapet !.

C. pallescens L. — Montluçon et environs ! C. — Bois d'Audes ! — Commentry, bois Martenot ! — Bizeneuille ! — Forêt de Tronçais ! — Le Montet, bois de Mondry ! — Le Theil ! — Bellenaves, forêt des Colettes ! — Env. de Saint-Pourçain, aux Dollats ! — Laprugne, bois d'Assise ! (1,100^m).

— **silvatica** Huds. — Bellenaves, forêt des Colettes ! — Bois de Branssat ! (*Lavediau*). — Le Vilhain, forêt de Soulongis ! (*Moriot*).

— **Pseudo-Cyperus** L. — Env. de Saint-Pourçain, boires de la Sioule près du moulin de Champagne ! (*Lavediau*).

— **pendula** Huds. — Forêt de Tronçais, ravin de la Bouteille ! (*Pérard* et *Moriot*).

— **hordeistichos** Vill. — Environs de Chareil-Cintrat, près la source d'Artanges et aux Vernets ! (*Bourgougnon*). — Env. de Bayet, lieux frais de la Bouble en face de Nérignet ! (*Lavediau*).

— **ampullacea** Goodn. — Lavaud-Franche, environs des Pierres Jhomâtres !.

— **vesicaria** L. — Budelière-Chambon, bords de la Tardes près du Châtelet ! — Souvigny ! (*Bouchard*).

— **Kochiana** DC., Bor. — Environs de Saint-Pourçain, bords de la Sioule entre Contigny et la Chaise !.

Cette espèce rare est bien distincte par ses épis longuement pédonculés et dressés, par les écailles acuminées (parfois cuspidées) terminées par une longue arête qui dépasse beaucoup les capsules très nerviées. Les écailles possèdent trois nervures séparées par deux sillons très accentués, la médiane se continuant en une longue arête. La tige est *lisse* et scabre seulement au sommet. Les feuilles florales ont des auricules soudées en une gaine courte.

— **riparia** Curtis. — Saint-Amand, étang d'Orval !.

Graminées.

Agrostis vulgaris With., forme *aristata*. — *A. dubia* DC. — Bellenaves, forêt des Colettes ! — A. R.

— **canina** L., var. *glauca*. — Tige couchée-redressée, panicule violacée, plante glauque. — Braize, tourbières des étangs Roux !.

Milium effusum L. — Bois de Fleuriel ! (*Bourgougnon*).

Phalaris arundinacea L. — Saint-Florent, bords du Cher ! — Forêt de Tronçais, bords des étangs ! — Urçay, étang de Beaumont et du Ris !.

Le *Phalaris canariensis* L. a été rencontré à Montluçon, dans les décombres, échappé probablement des jardins.

Phleum Bœhmeri Wibel. — Monétay, bois de Montcoquet ! (*Lailloux*).

— **serotinum** Jord. — Laprugne, bords de la Besbre, au Montoncel !.

Melica uniflora Retz. — Vicq, bois de Veauce ! — Forêt de Moladier ! — Saint-Marien, taillis du Cher !.

— **ciliata** L., forma. — Chantelle, rochers de la Bouble (*Bourgougnon*).

Deschampsia parviflora. — *Aira parviflora* Thuill. — Forêt de Vacheresse ! (*Moriot*). — Forêt des Colettes !.

Je rapporte à cette espèce une forme dont la tige n'a que 4-5 décimètres de hauteur, à feuilles étroites, planes ou plus souvent enroulées, glauques.

Fleurs très petites, d'un vert blanchâtre, et bien plus longues que leurs arêtes qui sont courtes ou presque nulles, (singulo flosculo aristâ suâ longiore Thuill. *Fl. par.* édit. 2, p. 38).

D. cæspitosa PB.— Blomard, forêt de Château-Charles !— Bellenaves, forêt des Colettes !— Bois de Laronde ! (*H. Gay*).

Forme 1 *violacea*. Fleurs violacées.— Bellenaves, forêt des Colettes !— Laprugne, bords de la Besbre, en montant au Montoncel !.

Forme 2 *flavescens*.— *Desch. flavescens* Pér. *herb*.— Souche cespiteuse, chaumes de 11-16 décim. de hauteur, pourvus de nœuds violacés, et jaunissant à l'automne. Feuilles glauques, scabres, nerviées, planes, élargies, aiguës, pouvant atteindre 9-10 décim. de longueur, engaînantes, biligulées, à ligules étroites, allongées et acuminées. Panicule très ample, pyramidale, longue de 3-4 décim., verticillée inférieurement, à rameaux étalés, portant de nombreux épillets dressés et jaunâtres après l'anthèse. Glumes mutiques ou parfois aristées, aiguës. Glumelles membraneuses, l'inférieure aristée, dépassée par son arête qui est droite et flexueuse inférieurement. Cette plante forme de belles touffes sur les porphyres noirs de la route de Saint-Priest-Laprugne à Pierrebelle, dans le bois d'assise ! (alt. 1000^m).

— flexuosa L., forme *montana*.— Epillets de la panicule d'un rouge-violacé. — Rochers de la Tardes près de Saint-Marien !.

— præcox L.— Saint-Marien, rochers du Bateau du Mas !— Chambon, bords de la Voueize !— Moulins !— Cesset, près Saint-Pourçain !.

— multiculmis Dumort. — Monétay-sur-Allier ! (*Lailloux*). — Gannat, bords de l'Andelot !— Budelière-Chambon, coteaux da la Tardes !.

— aggregata Timeroy. — Rochers du Cher, au Breuil près de Lignerolles !. — Saint-Marien, au Bateau du Mas !.

Arrhenatherum bulbosum Presl. — Champs de Montord ! (*Lailloux*). — Laprugne, bords de la Besbre !.

Trisetum flavescens P. B.— Saint-Amand, calcaires infraliasiques !.

Avena fatua L.— Gannat, champs calcaires de la Bâtisse !.

— pratensis L.— Gannat, coteaux de la Bâtisse !; Neuvialle ! (*Dr Vannaire*).

Bromus asper Murr. — Gannat, bords de la Sioule entre Rouzat et les Oies ! — Bellenaves, forêt des Colettes !.

— arvensis L.— Montord !, Branssat, bords du Gaduet !— Gannat, route de Neuvialle à Rouzat !.

Festuca glauca Lamk.— Urçay, rochers près du chemin de fer !— Branssat, bords du Gaduet !— Lignerolles, ravin du Mont !.

— heterophylla Lamk.— Monétay-sur-Allier! (*Lailloux*).— Bois de Branssat ! (*Moriot*).— Forêt de Giverzat !— Saint-Marien, bords de la Tardes !.

— arundinacea Schreb.— Env. de Saint-Pourçain, Montord! (*Lailloux* et *Moriot*).— Fourilles ! (*Bourgougnon*).

— gigantea Vill.— Gannat, bords de la Sioule entre Rouzat et les Oies !— Bellenaves, forêt des Colettes !— Ferrières, bords du Sichon !.

Vulpia sciuroides Gmel.— Chambon, rive gauche de la Voueize!.— Braize, Urçay!— Villebret!— Bois de Veauce!— Env. de Saint-Pourçain et de Chantelle!.

Molinia cærulea Mœnch forme *altissima*.— Forêt de Tronçais!—Forêt des Colettes!— Forêt de l'Espinasse!.

Phragmites communis Trinius.— Vicq!— Chantelle, près de Bichepot!— Vanteuil près Saint-Pourçain!— Lapalisse, étang de Rosières!.— Marcillat!— Vallon, bords du canal!.

Kœleria setacea Pers.— La Chapelle-Saint-Ursin! sur nos limites.

— **cristata** Pers.—Urçay, la Sapinière!—Gannat, à la Bâtisse!—St-Pourçain!.

Glyceria airoides Rchb.— Branssat, bords du Gaduet!.

Eragrostis megastachya P. B.— Vignes des environs de Saint-Pourçain! C.

— **pilosa** P. B.— Vignes de Rosier-Montord! (*Lavediau*), Monétay! (*Lailloux*).

Triticum turgidum L.— Montluçon!— Urçay!— Gannat!— Cultivé.

— **spelta** L.— Commentry!— Gannat!— Cultivé plus rarement et échappé parfois des cultures.

Agropyrum glaucum Rœm. et Sch.—Gannat, coteaux calcaires de la Bâtisse! — Env. de Saint-Pourçain!— Les formes *latronum* G. G. et *intermedium* Host croissent dans les calcaires avec le type.— Cette espèce est bien distincte par ses glumes courtes et *très obtuses*, souvent tronquées.

— **obtusiusculum** Lange, Bor. *Monogr.* p. 352.—Moulins, sables de l'Allier!.

— **repens** L., var. *Vaillantianum* Bor.—Moulins, sables de l'Allier!.

Nardurus Lachenalii Godr.— Chambon, bords de la Voueize!— Budelière, rochers des bords de la Tardes près du Châtelet!.

Lolium italicum L.— Gannat, calcaires du Montlibre et de la Bâtisse!— Urçay, forêt de Tronçais!.

— **rigidum** Gaud.— Gannat, calcaires de la Bâtisse!— Champs de Braize!.

Var. *tenue* Cariot.— Bellenaves, forêt des Colettes!.

— **temulentum** L.— Moissons de La Chapelle-Saint-Ursin! C.

CRYPTOGAMES-VASCULAIRES

Fougères.

Osmunda regalis L.— Chambon, bords de la Voueize!, Lavaveix-les-Mines, bords de la Creuse! R., sur nos limites.— Aubigny (*Rondet*).

Polypodium vulgare L., var. *serratum* G. G.—Env. de Bellaigue près Marcillat! (*Mme Vaillant*).

Aspidium Thelypteris Sw.—Braize, tourbières de l'étang de la Commanderie!.

Polystichum angulare Presl.— Chantelle, bords de la Bouble!.— Saint-Marien, bords du Cher et de la Tardes!.

Nephrodium Filix-mas Stremp., var. *abbreviatum*.— Laprugne, bords de la Besbre au Montoncel!— Saint-Priest-en-Murat! (*H. Gay*).— Evaux!.

Var. *lanceolatum* Pér. *Cat.* p. 227.— Chantelle, bords de la Bouble!— Bois de Veauce!.

N. spinulosum Stremp.—Forêt de Tronçais !—Bois de Veauce ! forêt des Colettes !—Forêt de Saint-Didier ! — Laprugne, Bois noirs et bois d'Assise ! C.—Saint-Marien, au Bateau du Mas !, Chambon, bords de la Voueize !, Saint-Julien-la-Genête, Fontanières, Aubusson, vallée de Trentloup !.

Cystopteris fragilis Bernh. — Verneuil ! (*Lailloux*). — Evaux ! (*H. Gay*).—Saint-Marien, moulin du Bief !.

Asplenium Halleri DC. — Budelière, bords de la Tardes près du Châtelet !.

Var. *fontanum* DC. — Pennules souvent indivises.— Lavaveix-les-Mines, bords de la Creuse !.

— **Adianthum-nigrum** L. — Gannat, entre Neuvialle et Rouzat !, Jenzat ! — Rochers de Fleuriel ! (*H. du Buysson*).— Saint-Marien, au Bateau du Mas !; Budelière-Chambon, bords de la Tardes !; Lavaveix-les-Mines, bords de la Creuse !.

— **trichomanes** L., var. *rupestre* Pér. — Saint-Marien, au Bateau du Mas !, Chambon, bords de la Tardes ! et de la Voueize ! — Branssat, bords du Gaduet !—Chantelle, bords de la Bouble !—Laprugne, bords de la Besbre ! — Gannat, bords de la Sioule ! — Montluçon, bords du Cher !. — Micaschistes de Veauce ! Vicq !.

— **Ruta-muraria** L.— Murs de Saint-Amand !, calcaires de Bouzais !— Chantelle-le-Château !— Château de Murat !.

— **Breynii** Retz. — Montluçon, entre Sainte-Hélène et Ferrières ! — Lignerolles, rochers du ravin du Mont !—Micaschistes de Veauce ! R.—Laprugne, murs du chemin du Point-du-Jour ! ; schistes du Carbonifère, au bord de la Besbre ! A. C. — Chambon, bords de la Voueize !— Saint-Marien !.

Acropteris septentrionalis Link. — Cusset, entre Molles et l'Ardoisière !, Arronnes ! — Laprugne, schistes du Carbonifère au bord de la Besbre !. — Chantelle, bords de la Bouble ! — Viplaix, bords de l'Arnon !— Branssat, bords du Gaduet !— Gannat, rochers de la Sioule à Neuvialle !, Jenzat !— Micaschistes de Veauce !— Chambon, bords de la Voueize !.— Lavaveix-les-Mines, bords de la Creuse !.

Scolopendrium officinale Sm.— Puits de Culan et de Neuville ! (*Danthon fils*).— Env. du Thet, bords du Cher, bois de Martau !—Bateau du Mas, bords de la Tardes au-dessous de Saint-Marien !— Souvigny ! (*Bouchard*).

Lomaria spicant Link.— Bellenaves, forêt des Colettes !— Le Vilhain, forêt de Soulongis ! (*Moriot*).— Bellaigue, étang de l'église !— Ferrières, bords du Sichon !— Chambon, bords de la Voueize !, Lavaveix-les-Mines, bords de la Creuse !, Aubusson, vallée de Trentloup ! et bois de la Madeleine !.

Pteris aquilina L. var. *umbrosa* Pér. *Mat. Fl. bourb.*— Chantelle, bords de la Bouble !— Bellenaves, forêt des Cotettes !.

Equisétacées.

Equisetum hiemale L.— Forêt de Tronçais, bords du ruisseau déversoir de l'étang de Bellevue !.— J'ai recueilli cette espèce sur les indications de M. Larguèze fils.
